essentials

essentials liefern aktuelles Wissen in konzentrierter Form. Die Essenz dessen, worauf es als „State-of-the-Art" in der gegenwärtigen Fachdiskussion oder in der Praxis ankommt. *essentials* informieren schnell, unkompliziert und verständlich

- als Einführung in ein aktuelles Thema aus Ihrem Fachgebiet
- als Einstieg in ein für Sie noch unbekanntes Themenfeld
- als Einblick, um zum Thema mitreden zu können

Die Bücher in elektronischer und gedruckter Form bringen das Expertenwissen von Springer-Fachautoren kompakt zur Darstellung. Sie sind besonders für die Nutzung als eBook auf Tablet-PCs, eBook-Readern und Smartphones geeignet. *essentials:* Wissensbausteine aus den Wirtschafts-, Sozial- und Geisteswissenschaften, aus Technik und Naturwissenschaften sowie aus Medizin, Psychologie und Gesundheitsberufen. Von renommierten Autoren aller Springer-Verlagsmarken.

Weitere Bände in der Reihe http://www.springer.com/series/13088

Ekbert Hering · Wolfgang Schulz

Umweltschutztechnik und Umweltmanagement

Ein Kompendium für Studierende, Praktiker und Politiker

Ekbert Hering
Heubach, Deutschland

Wolfgang Schulz
Schwäbisch Gmünd, Deutschland

ISSN 2197-6708 ISSN 2197-6716 (electronic)
essentials
ISBN 978-3-658-20983-4 ISBN 978-3-658-20984-1 (eBook)
https://doi.org/10.1007/978-3-658-20984-1

Die Deutsche Nationalbibliothek verzeichnet diese Publikation in der Deutschen Nationalbibliografie; detaillierte bibliografische Daten sind im Internet über http://dnb.d-nb.de abrufbar.

Springer Vieweg

Gedruckt auf säurefreiem und chlorfrei gebleichtem Papier

Springer Vieweg ist ein Imprint der eingetragenen Gesellschaft
Springer Fachmedien Wiesbaden GmbH und ist Teil von Springer Nature
Die Anschrift der Gesellschaft ist: Abraham-Lincoln-Str. 46, 65189 Wiesbaden, Germany

Was Sie in diesem *essential* finden können

- Bedeutung des Umweltschutzes als Herausforderung für Ingenieure und Naturwissenschaftler
- Prinzipien des Umweltschutzes (Verursacher-, Vorsorge- und Kooperationspflicht)
- Maßnahmen zur Vermeidung und Reduzierung von Belastungen von Luft, Wasser, Boden und Abfall
- Glyphosat und Nitrat in Düngemitteln
- Treibhausgase, Stickoxide und Feinstaub und Maßnahmen zur Verringerung
- Klimamodelle
- Abfallwirtschaft und Maßnahmen zur Wiederverwertung (Recycling)
- Energieerzeugung und Auswirkungen auf das Klima
- Erhöhung der Energie- und Rohstoffeffizienz
- Integriertes Umweltmanagement und Ökobilanzen

Vorwort

Ingenieure und Naturwissenschaftler sind aufgerufen, die Umwelt zu schützen, um die Lebensgrundlage für alle Lebewesen zu erhalten. Das vorliegende *essential* zeigt nach einer Einführung in Kap. 1 die Prinzipien des Umweltschutzes auf (Kap. 2). Das Kap. 3 ist dem medialen Umweltschutz gewidmet. Dort werden die Bereiche Wasser, Boden, Luft und Abfall behandelt und aufgezeigt, mit welchen Maßnahmen dort eine bessere Umwelt erreicht werden kann. Der globale Umweltschutz wird durch die Energieerzeugung beeinflusst und hat große Auswirkungen auf das Klima. Dies wird in Kap. 4 dargestellt. Kap. 5 zeigt Ansätze für eine integrierte Umweltplanung und -bewertung. In Kap. 6 wird gezeigt, wie Unternehmen und Organisationen durch ein Umweltmanagement sicherstellen (z. B. durch eine Ökobilanz) und nachweisen können (z. B. durch eine Umweltverträglichkeitsprüfung), dass sie sich umweltgerecht verhalten.

Jeder von uns ist aufgefordert, einen Beitrag zum Umweltschutz zu leisten. Oft sind solche Forderungen aber leider auch ideologisch motiviert. Deshalb lohnt es sich, die Tatsachen sprechen zu lassen. Daraus kann dann jeder fundierte und realisierbare Entscheidungen so fällen, dass es der Umwelt auch nützt. Es ist das Anliegen des Buches, allen am Umweltschutz Interessierten einerseits die Faktenlage zu schildern und andererseits Möglichkeiten aufzuzeigen, wie die Umwelt besser geschützt werden kann. Dies hat die Verfasser motiviert, dieses *essential* zu schreiben. Mögen sich viele in diesem Buch informieren und so handeln, dass sie die Umwelt noch nachhaltiger schützen.

Die Verfasser danken dem Springer-Verlag für die sorgfältige Bearbeitung und die professionelle Betreuung des Werkes. Vor allem möchten wir uns diesbezüglich bei Herrn Dr. Daniel Fröhlich und Frau Dr. Angelika Schulz ganz herzlich bedanken. Danken möchten wir auch den vielen Bundesämtern und Institutionen, die uns geholfen haben, die Faktenlage klar und anschaulich darzulegen. Gerne nehmen wir konstruktive Kritik und Anregungen entgegen, um dieses *essential* im Dienste des Umweltschutzes weiterentwickeln zu können.

Ekbert Hering
Wolfgang Schulz

Inhaltsverzeichnis

1 Einleitung

Umweltschutz dient dazu, die Lebensgrundlage für alle Lebewesen (auch für zukünftige Generationen) zu erhalten oder zu verbessern. Die große Herausforderung besteht darin, die globalen, vom Menschen verursachten Umweltprobleme in den Bereichen Wasser, Boden, Luft zu lösen, eine umweltgerechte Abfall- und Energiewirtschaft aufzubauen und die Klimaerwärmung aufzuhalten. Durch nationale Gesetze und internationale Verträge werden Ziele vorgegeben und kontrolliert (z. B. Grenzwerte, Klimaerwärmung). Entscheidend ist hierbei der Aspekt der *Nachhaltigkeit,* d. h. der Nutzen der Maßnahmen muss dauerhaft sein. Abb. 1.1 zeigt die Bereiche auf, die im Folgenden behandelt werden.

E. Hering und W. Schulz, *Umweltschutztechnik und Umweltmanagement,* essentials, https://doi.org/10.1007/978-3-658-20984-1_1

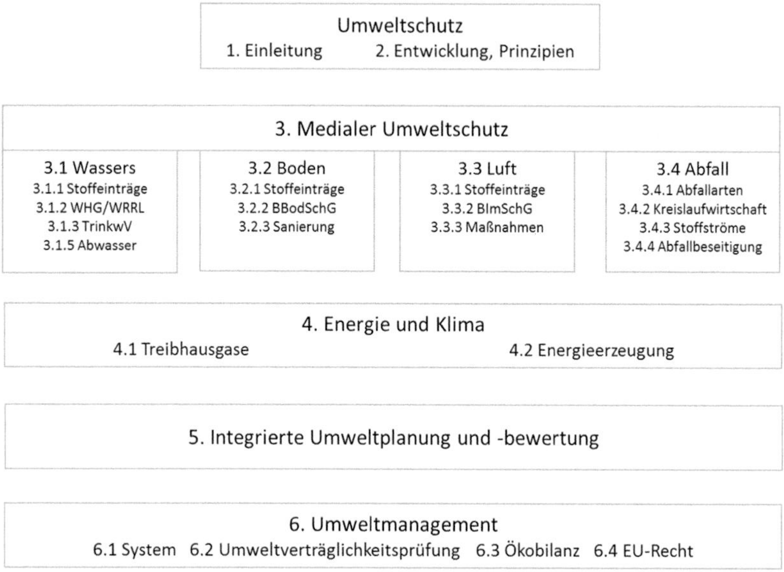

Umweltschutz
1. Einleitung 2. Entwicklung, Prinzipien

3. Medialer Umweltschutz

3.1 Wassers
3.1.1 Stoffeinträge
3.1.2 WHG/WRRL
3.1.3 TrinkwV
3.1.5 Abwasser

3.2 Boden
3.2.1 Stoffeinträge
3.2.2 BBodSchG
3.2.3 Sanierung

3.3 Luft
3.3.1 Stoffeinträge
3.3.2 BImSchG
3.3.3 Maßnahmen

3.4 Abfall
3.4.1 Abfallarten
3.4.2 Kreislaufwirtschaft
3.4.3 Stoffströme
3.4.4 Abfallbeseitigung

4. Energie und Klima
4.1 Treibhausgase 4.2 Energieerzeugung

5. Integrierte Umweltplanung und -bewertung

6. Umweltmanagement
6.1 System 6.2 Umweltverträglichkeitsprüfung 6.3 Ökobilanz 6.4 EU-Recht

Abb. 1.1 Systematik des Umweltschutzes. (Eigene Darstellung)

2 Entwicklung des Umweltschutzes

Die Entwicklung des Umweltschutzes in Deutschland kann in drei Phasen gegliedert werden. Der *mediale Umweltschutz,* der die Bereiche Wasser, Luft, Boden, Lärm und Abfall betraf, war in der *ersten Phase* Schwerpunkt der Gesetzgebung. In der *zweiten Phase* wurden, entsprechend der technischen Möglichkeiten, die *Umweltgesetze umgesetzt.* Den Umweltschutz als *Staatsziel* im Grundgesetz zu verankern (Artikel 20a Grundgesetz 15. November 1994) und diese Ziele auch *europäisch* zu verfolgen, geschah in der *dritten Phase.* Derzeit werden viele Gesetze aktualisiert, indem sie den neuen wissenschaftlichen Erkenntnissen und technischen Möglichkeiten angepasst werden.

Im Umweltschutz werden folgende Prinzipien angewandt:

- *Verursacherprinzip:* Der Verursacher *haftet* für die Umweltschäden. Hierbei geht es um die Verteilung der finanziellen Lasten. Beim *Gemeinlastprinzip* werden die Kosten für die Beseitigung oder Vermeidung des Umweltschadens auf die Allgemeinheit verteilt.
- *Vorsorgeprinzip:* Mögliche Umweltschäden werden bereits bei der Planung beispielsweise von Gebäuden oder Produktionsanlagen berücksichtigt.
- *Kooperationsprinzip:* Staat, Bürger, Unternehmen und andere gesellschaftliche Gruppen arbeiten gemeinsam an der Umsetzung umweltpolitischer Ziele. Es ist ein *verfahrens- und aufgabenbezogenes* Prinzip des Umweltrechts und der Umweltpolitik.

Technisch gesehen ging die Entwicklung von den *nachbessernden* zu den *integrierten Umweltschutztechnologien.* Dies bedeutet, dass diese Technologien möglichst Umweltschäden verhindern, anstatt diese zu behandeln. So sollte in den *Produktionsprozessen* darauf geachtet werden, dass möglichst *wenig umweltschädliche Substanzen* (auch Roh-, Hilfs- und Betriebsstoffe) sich im Produktionsprozess befinden

E. Hering und W. Schulz, *Umweltschutztechnik und Umweltmanagement,* essentials, https://doi.org/10.1007/978-3-658-20984-1_2

und die *Energie* und die *Rohstoffe effizient* eingesetzt werden. Der *produktintegrierte Umweltschutz* legt Wert auf abfall- und schadstoffarme Produkte und stellt sicher, dass eine möglichst *vollständige Wiederverwertung* (Recycling) zur Schonung der Rohstoffressourcen erreicht wird. Nach dem Produktionsprozess stellen sogenannte *end-of-pipe-Technologien* sicher, dass eventuell auftretende Schadstoffe so behandelt werden, dass sie keine schädlichen Auswirkungen haben. Beispiele dafür sind eine umweltgerechte Abfallentsorgung, Müllverbrennung, eine entsprechende Abluft- und Abwasserbehandlung sowie die Vermeidung der Belastung des Bodens durch Schadstoffe.

3 Medialer Umweltschutz

Tab. 3.1 zeigt schematisch die Struktur des Umweltschutzes unter der Berücksichtigung von medienübergreifenden Regelungen.

3.1 Wasser

Das Wasser auf der Erde unterliegt einem Kreislauf (Abb. 3.1). Das Wasser verdunstet auf der Erde (gestrichelte Linien), kondensiert zu Wasser, verdichtet sich in Wolken, die als Niederschlag in Form von Regen, Schnee und Hagel (schwarze Linien) wieder auf die Erde niedergehen. In diesem Wasserkreislauf geht kein Wasser verloren. Durch den Gebrauch von Wasser wird dieses verändert (verunreinigt) und kann deshalb für bestimmte Einsatzgebiete ohne entsprechende Vorbehandlung nicht mehr verwendet werden.

3.1.1 Stoffeinträge

Das Vorkommen von *organischen Spurenstoffen* im Wasserkreislauf steht in der öffentlichen und fachlichen Diskussion. Die diskutierten Stoffe sind in der Regel:

- *naturfremde, organische* Substanzen,
- vom Menschen in die Umwelt gebracht *(anthropogen)* und
- nur *in geringen Konzentrationen* im Wasser vorhanden (zwischen 0,01 und 1 µg/L).

Typische Vertreter anthropogener Spurenstoffe sind Rückstände von Arznei- und Röntgen kontrastmitteln, von Haushaltschemikalien wie Duftstoffe und Desinfektionsmittel, von Industriechemikalien wie Komplexbildner, Flammschutzmittel oder

E. Hering und W. Schulz, *Umweltschutztechnik und Umweltmanagement*,
essentials, https://doi.org/10.1007/978-3-658-20984-1_3

Tab. 3.1 Übersicht Umweltschutz. (Eigene Darstellung)

Umweltschutz	Boden	Wasser	Luft	Natur Landschaft
Medienbezogen	BBodSchG (1998) Bundesbodenschutzgesetz	WHG (1957) Wasserhaushaltsgesetz	BImSchG (1974) Bundesimmissionsschutzgesetz	BNatSchG (1976) Bundesnaturschutzgesetz BWaldG (1975) Bundeswaldgesetz
Ursachenbezogen		Wasch- und Reinigungsmittel (WRMG)	Benzin Blei Gesetz (BzBlG); Fluglärm Gesetz (FlugLG)	Pflanzenschutzgesetz (PflSchG)
	Kreislaufwirtschaftsgesetz (KrWG); Chemikaliengesetz (ChemG); Strahlenschutz Vorsorgegesetz (StrVG)			
Kostenbezogen	Abwasserabgabegesetz (AbwAG); Umwelthaftungsgesetz (UmweltHG)			
Strafrechtlich	Strafgesetzbuch (StGB)			
Integral	Umweltverträglichkeit Prüfungsgesetz (UVPG); Umweltauditgesetz (UAG); Baugesetzbuch			

polyfluorierte Chemikalien (PFC) sowie von Pflanzenschutzmitteln. Aus diesen Rückständen durch mikrobielle oder physikalisch-chemische Prozesse gebildete *Transformationsprodukte* sind ebenfalls Bestandteile des mittlerweile nachweisbaren Spurenstoffspektrums. Der Rat der Sachverständigen für Umweltfragen geht von 20 Mio. organischen chemischen Verbindungen aus, von denen etwa 5000 Substanzen als potenziell umweltrelevant einzustufen sind. Als *umweltrelevant* gelten insbesondere Substanzen, die *persistent, bioakkumulierbar* und *toxisch* sind oder eine *hormonelle Wirkung* haben. Arzneimittel werden unabhängig von ihrem Akkumulationspotenzial oder der Toxizität als umweltrelevant erachtet, wenn die regelmäßig beobachteten Konzentrationen in Oberflächengewässern über 0,01 µg/L liegen. Auch jegliche im Grundwasser nachweisbaren Spurenstoffe werden aufgrund ihrer Mobilität und Persistenz (nicht abbaubar) als umweltrelevant eingestuft. Zu diesen sogenannten *persistenten mobilen organischen Chemikalien (PMOCs)* gehören beispielsweise Trifloressigsäure (Umwelttransformationsprodukte von fluorhaltigen Verbindungen wie FCKWs) und Sulfamidsäure (Entkalker).

In den Wasserkreislauf gelangen viele anthropogene organische Spurenstoffe durch bestimmungsgemäße bzw. nicht bestimmungsgemäße Anwendung in Haushalten oder Industrie. Über die Kanalisation und die Kläranlagen werden sie bei

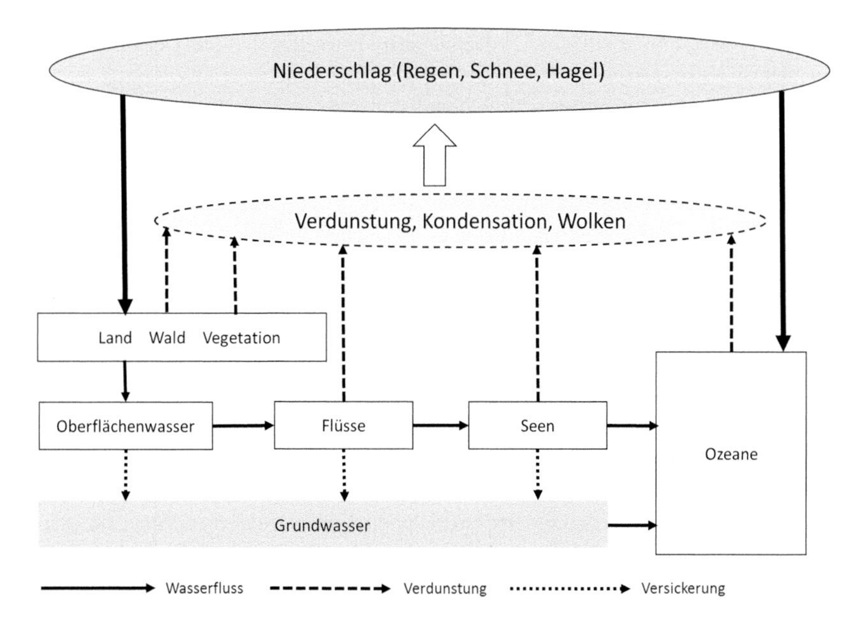

Abb. 3.1 Kreislauf des Wassers. (Eigene Darstellung)

nicht vollständiger Elimination in die Vorfluter eingetragen. Über Versickerungen und Infiltrationen gelangt Oberflächenwasser zum Teil in den Untergrund. Organische Spurenstoffe können sowohl durch die Verwendung von Oberflächenwasser *direkt* oder *indirekt (Uferfiltration)* als auch von oberflächenwasserbeeinflusstem Grundwasser gleichermaßen in die Trinkwassergewinnung Einzug finden. Weiterhin können Spurenstoffe auf die Aktivitäten der Landwirtschaft zurückgeführt werden, wobei der Eintragspfad über den Boden in das Grundwasser oder in Oberflächengewässer verläuft.

3.1.2 Gesetze zum Wasserschutz

Der Zweck des *Wasserhaushaltsgesetzes* (Gesetz zur Ordnung des Wasserhaushalts WHG Erstfassung von 1957, zuletzt geändert 18.07.2017) ist es (§ 1), „durch eine nachhaltige Gewässerbewirtschaftung die Gewässer als Bestandteil des Naturhaushalts, als Lebensgrundlage des Menschen, als Lebensraum für Tiere und Pflanzen sowie als nutzbares Gut zu schützen.“

Die Gewässergütewirtschaft in Deutschland orientiert sich seit Dezember 2000 an der EG-*Wasserrahmenrichtlinie* (WRRL: Richtlinie 2000/60/EG zur Schaffung eines Ordnungsrahmens für Maßnahmen der Gemeinschaft im Bereich der Wasserpolitik), deren Ziel es ist, auf der Grundlage von *Flussgebietsplänen* mit Maßnahmen innerhalb von 16 Jahren einen guten ökologischen und chemischen Zustand für die oberirdischen Gewässer in den EU-Staaten zu erreichen. Artenvielfalt ist ein Zeichen für einen guten ökologischen Zustand. Eine geringe Belastung mit organischen Spurenstoffen zeigt einen guten chemischen Zustand an.

Die Flussgebietseinheiten in Deutschland betrachten alle Gewässer als eine Einheit, unabhängig von politischen oder administrativen Grenzen (Abb. 3.2). Die Flussgebietseinheit des Rheins umfasst nach dieser Definition alle Staaten, die am Rhein liegen (Schweiz, Frankreich, Luxemburg, Belgien, Holland).

Die Wasserrahmenrichtlinie (WRRL) schreibt unter anderem vor, dass der *ökologische Zustand* der Oberflächengewässer nach biologischen, hydromorphologischen sowie chemischen und chemisch-physikalischen Qualitätskomponenten einzustufen ist. Es werden die entsprechenden *Umweltqualitätsnormen* für *prioritäre Stoffe* festgelegt, die zu überwachen und einzuhalten sind. Prioritäre Stoffe sind besonders gefährliche Stoffe, die sich beim Menschen und in Lebewesen anreichern *(Bioakkumulation)*, giftig sind *(Toxizität)* und schlecht abbaubar sind *(Persistenz)*.

3.1.3 Trinkwasser

Die Qualität des Trinkwassers wird im Hinblick auf die menschliche *Gesundheit* definiert. „Das Wasser für den menschlichen Gebrauch muss so beschaffen sein, dass durch seinen Genuss oder Gebrauch eine Schädigung der menschlichen Gesundheit, insbesondere durch Krankheitserreger, nicht zu besorgen ist (TrinkwV 2001)." Für die Trinkwasserqualität sind die Bundesländer und ihre Behörden verantwortlich. Die „Verordnung über die Qualität von Wasser für den menschlichen Gebrauch (Trinkwasserverordnung, TrinkwV 2001 in der Fassung der Bekanntmachung vom 10.03.2016)" legt die wichtigsten Punkte wie die *Beschaffenheit, Aufbereitung*, die *Pflichten der Wasserversorger* und die Überwachung des *Trinkwassers* fest.

In Tab. 3.2 sind die Grenzwerte für chemisch-physikalische und mikrobiologische Parameter nach der Trinkwasserverordnung zusammengestellt.

Es gibt Stoffe im Trinkwasser, die humantoxologisch nicht oder nur teilweise bewertet werden können. Für diese Stoffe empfiehlt das Umweltbundesamt einen

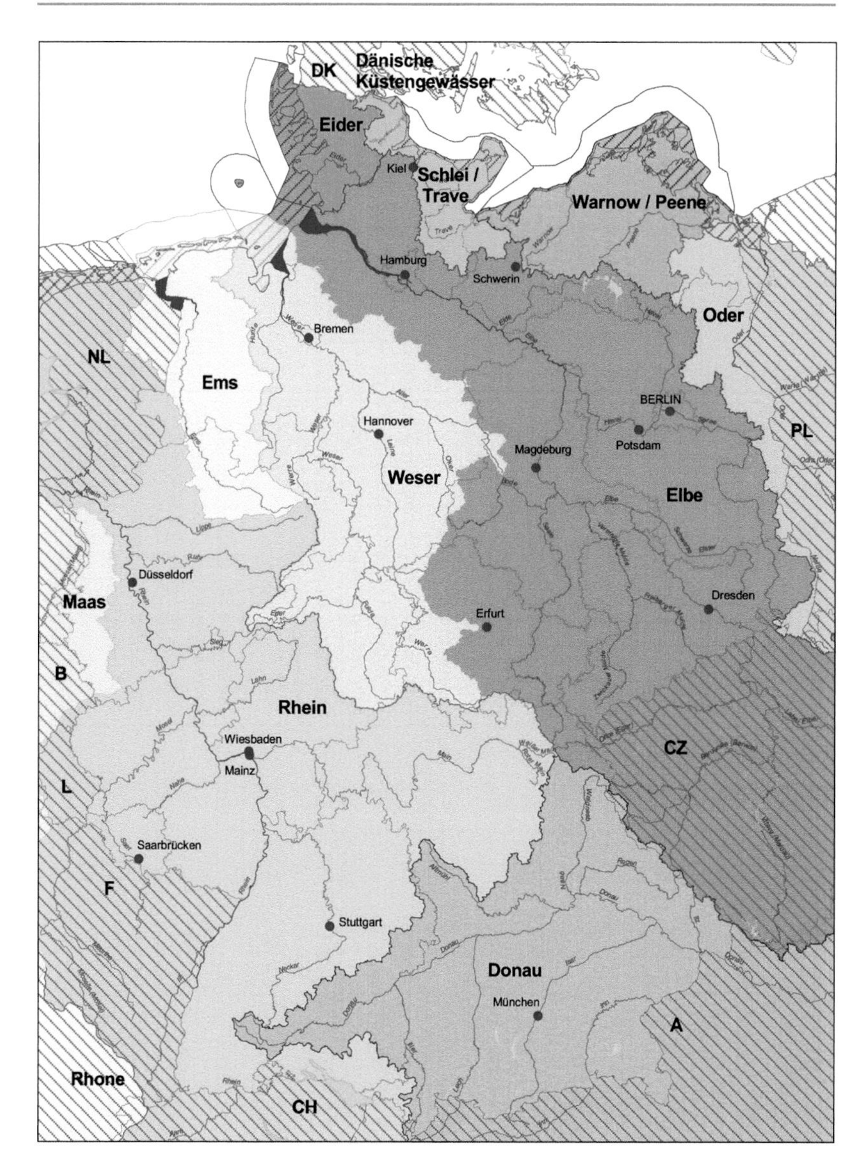

Abb. 3.2 Flussgebietseinheiten in der Bundesrepublik Deutschland. (Quelle: BMUB/ UBA 2016)

Tab. 3.2 Zusammenstellung von Grenzwerten der Trinkwasserverordnung. (Quelle: Trinkwasserverordnung, TrinkwV 2001, Bekanntmachung vom 10.03.2016)

Chemische Parameter	Grenzwert mg/L	Bemerkungen
Antimon	0,005	
Arsen	0,01	
Benzo-(a)-pyren	0,00001	
Blei	0,01	Grundlage: Durchschnittliche wöchentliche Trinkwasseraufnahme des Verbrauchers (repräsentativ). Die zuständigen Behörden treffen alle geeigneten Maßnahmen zur Erreichung des Grenzwertes. Dort, wo die Bleikonzentrationen am höchsten sind, werden die Maßnahmen vorrangig durchgeführt
Cadmium	0,003	Einschließlich der bei Stagnation von Wasser in Rohren aufgenommenen Cadmiumverbindungen
Kupfer	2	Grundlage: Durchschnittliche wöchentliche Trinkwasseraufnahme des Verbrauchers (repräsentativ). Ist der pH-Wert größer oder gleich 7,8, kann auf eine Überwachung verzichtet werden
Nickel	0,02	Grundlage: Durchschnittliche wöchentliche Trinkwasseraufnahme des Verbrauchers (repräsentativ)
Nitrat	50	
Nitrit	0,5	Die Summe der Beiträge aus Nitratkonzentration in mg/L geteilt durch 50 und Nitritkonzentration in mg/L geteilt durch 3 darf nicht größer als 1 sein. Am Ausgang des Wasserwerks gilt der Höchstwert von 0,1 mg/L
Polyzyklische aromatische Kohlenwasserstoffe	0,0001	Summe der nachgewiesenen und mengenmäßig bestimmten nachfolgenden Stoffe: Benzo-(b)-fluoranthen, Benzo-(k)-fluoranthen, Benzo-(ghi)-perylen und Indeno-(1,2,3-cd)-pyren

(Fortsetzung)

Tab. 3.2 (Fortsetzung)

Chemische Parameter	Grenzwert mg/L	Bemerkungen
Relevante Kontaminante	0,0001	Ausgenommen sind nicht relevante Abbau- und Reaktionsprodukte von Pflanzenschutzmitteln und Biozidprodukten. Nur Kontaminanten untersuchen, deren Vorkommen wahrscheinlich ist
Trihalogenmethane	0,05	Summe der Reaktionsprodukte bei der Desinfektion oder Oxidation des Wassers: Trichlormethan (Chloroform), Bromdichlormethan und Tribrommethan (Bromoform)
Indikator-Parameter		
Aluminium	0,2 mg/L	
Ammonium	0,5 mg/L	Ursachen von plötzlicher Erhöhung ist zu untersuchen
Chlorid	250 mg/L	Trinkwasser sollte nicht korrosiv wirken
Coliforme Bakterien	Anzahl/100 mL	
Eisen	mg/L	
Färbung (Absorptionskoeff. Hg 436 nm)	0,5 m^{-1}	Bestimmung des spektralen Absorptionskoeffizienten mit Spektral- der Filterfotometer
Koloniezahl bei 22 °C	Ohne anomale Veränderung	Grenzwerte: 100/mL am Zapfhahn des Verbrauchers; 20/mL nach Aufbereitung im desinfizierten Trinkwasser; 1000/mL bei Wasserversorgungsanlagen. Meldung der Behörde bei plötzlichem und kontinuierlichem Anstieg

gesundheitlichen Orientierungswert (GOW). Abb. 3.3 zeigt die GOW-Werte (von 0,01 bis 3,0 µg/l) in Abhängigkeit der festgestellten Toxizität des Stoffes. Es entstehen zwei Bereiche, die durch die angegebenen GOW-Werte getrennt sind: der *Besorgnisbereich* (gesundheitlich wahrscheinlich bedenkliche Werte) und der *Vorsorgebereich* (empfohlene, aber wahrscheinlich unbedenkliche Werte). So gilt bei stark genotoxischen Substanzen ein GOW-Wert von <0,01 µg/l und bei auf chronische Toxizität getesteten Stoffen ein GOW-Wert von >3,0 µg/l. Die entsprechenden Zwischenstufen, je nach Testausgang sind Abb. 3.4 zu entnehmen.

Für vollständig getestete Stoffe wird ein sogenannter *Leitwert* (LW) festgelegt. Diese toxikologisch ermittelte Konzentration darf nur in Ausnahmefällen für begrenzte Zeit überschritten werden.

In Deutschland sind Grund- und Quellwasser mit einem Anteil von etwa 70 % der wichtigste Rohstoff für die Trinkwasserversorgung. Da Grundwasser aber nicht überall in der benötigten Menge verfügbar ist, ist die Wasserversorgung ohne den Zugriff auf Oberflächenwasser nicht denkbar. Von den etwa 30 %

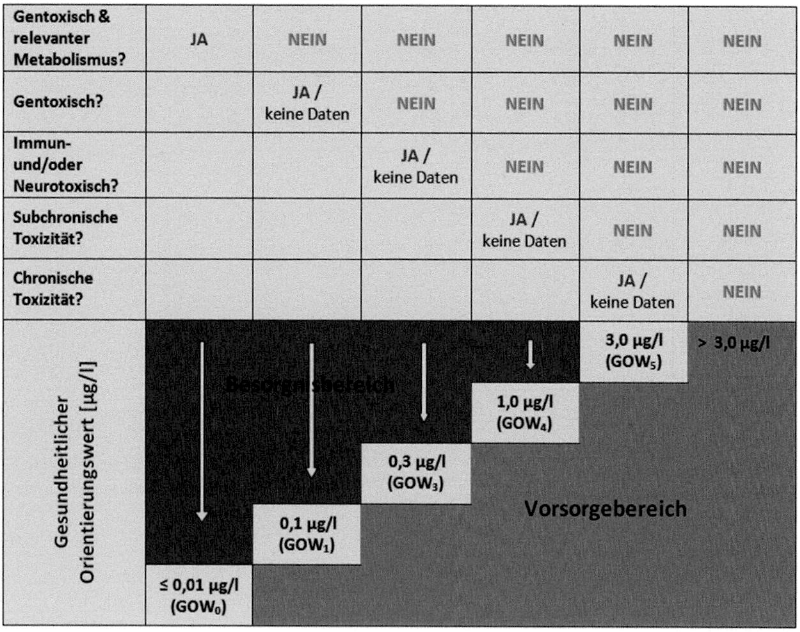

Gentoxisch & relevanter Metabolismus?	JA	NEIN	NEIN	NEIN	NEIN	NEIN
Gentoxisch?		JA / keine Daten	NEIN	NEIN	NEIN	NEIN
Immun- und/oder Neurotoxisch?			JA / keine Daten	NEIN	NEIN	NEIN
Subchronische Toxizität?				JA / keine Daten	NEIN	NEIN
Chronische Toxizität?					JA / keine Daten	NEIN
Gesundheitlicher Orientierungswert [µg/l]	**≤ 0,01 µg/l (GOW_0)**	**0,1 µg/l (GOW_1)**	**0,3 µg/l (GOW_3)**	**1,0 µg/l (GOW_4)**	**3,0 µg/l (GOW_5)**	**> 3,0 µg/l**

Besorgnisbereich

Vorsorgebereich

Abb. 3.3 Gesundheitliche Orientierungswerte (GOW-Werte). (Quelle: Empfehlung des Umweltbundesamtes, Bundesgesetzblatt 2003)

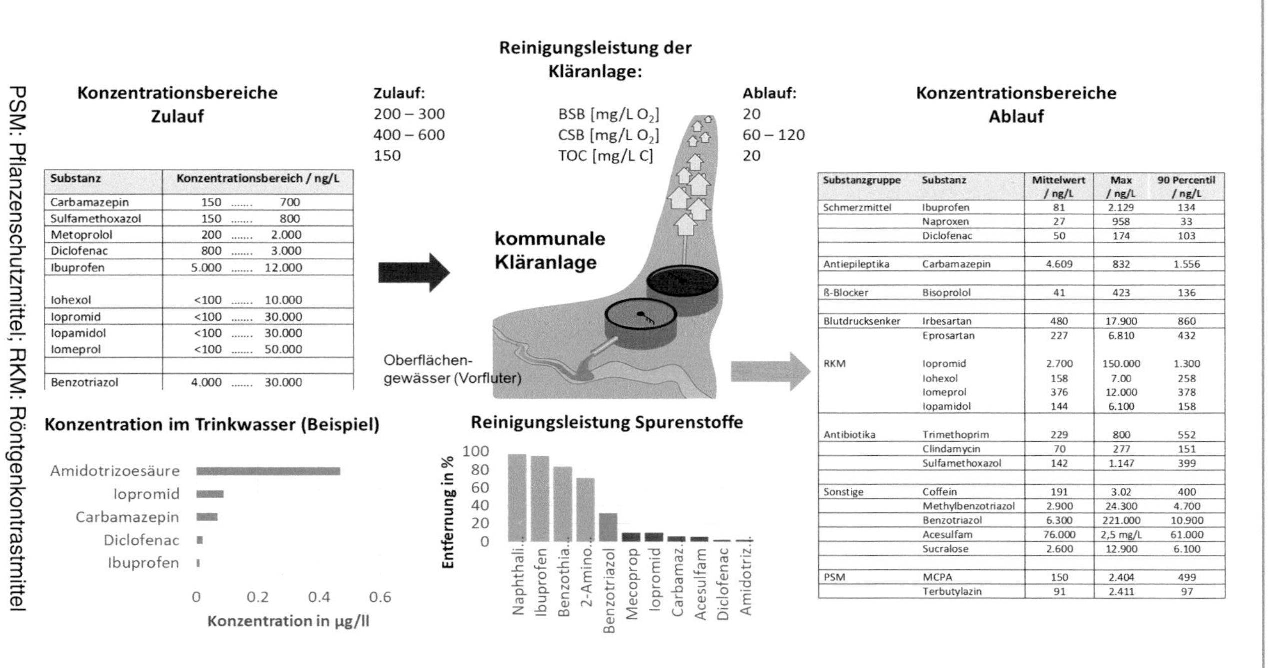

Substanz	Konzentrationsbereich / ng/L
Carbamazepin	150 700
Sulfamethoxazol	150 800
Metoprolol	200 .... 2.000
Diclofenac	800 .... 3.000
Ibuprofen	5.000 .... 12.000
Iohexol	<100 .... 10.000
Iopromid	<100 .... 30.000
Iopamidol	<100 .... 30.000
Iomeprol	<100 .... 50.000
Benzotriazol	4.000 .... 30.000

Substanzgruppe	Substanz	Mittelwert / ng/L	Max / ng/L	90 Percentil / ng/L
Schmerzmittel	Ibuprofen	81	2.129	134
	Naproxen	27	958	33
	Diclofenac	50	174	103
Antiepileptika	Carbamazepin	4.609	832	1.556
ß-Blocker	Bisoprolol	41	423	136
Blutdrucksenker	Irbesartan	480	17.900	860
	Eprosartan	227	6.810	432
RKM	Iopromid	2.700	150.000	1.300
	Iohexol	158	7.00	258
	Iomeprol	376	12.000	378
	Iopamidol	144	6.100	158
Antibiotika	Trimethoprim	229	800	552
	Clindamycin	70	277	151
	Sulfamethoxazol	142	1.147	399
Sonstige	Coffein	191	3.02	400
	Methylbenzotriazol	2.900	24.300	4.700
	Benzotriazol	6.300	221.000	10.900
	Acesulfam	76.000	2,5 mg/L	61.000
	Sucralose	2.600	12.900	6.100
PSM	MCPA	150	2.404	499
	Terbutylazin	91	2.411	97

Abb. 3.4 Belastungen mit organischen Spurenstoffen. (Eigene Darstellung nach R. Loos sowie A. Rößler und S. Metzger)

PSM: Pflanzenschutzmittel; RKM: Röntgenkontrastmittel

Oberflächenwasseranteil für die Trinkwasserversorgung stammen etwa 50 % aus Uferfiltrat und künstlich angereichertem Grundwasser. Der durchschnittliche Wasserverbrauch in Deutschland beträgt 122 l pro Tag, von denen 36 % für Baden, Duschen und Körperpflege sowie 27 % für Toilettenspülung und 12 % für Wäsche waschen genutzt werden (Quelle: UBA 2013).

3.1.4 Abwasser

Abwasser ist nach dem *Abwasserabgabengesetz* (Gesetz über Abgaben für das Einleiten von Abwasser in Gewässer AbwAG) folgendermaßen definiert:

> Abwasser sind das durch häuslichen, gewerblichen, landwirtschaftlichen oder sonstigen Gebrauch in seinen Eigenschaften veränderte und das bei Trockenwetter damit zusammen abfließende Wasser (Schmutzwasser) sowie das von Niederschlägen aus dem Bereich von bebauten oder befestigten Flächen abfließende und gesammelte Wasser (Niederschlagswasser). Als Schmutzwasser gelten auch die aus Anlagen zum Behandeln, Lagern und Ablagern von Abfällen austretenden und gesammelten Flüssigkeiten (§ 2).

In Gewässern und Abwässern können zahlreiche *organische* (z. B. Fette, Proteine, Kohlehydrate, Inhaltsstoffe von Waschmitteln, Chemikalien industrieller Herkunft) und *anorganische* (z. B. Schwermetalle, Nitrat, Phosphat, Borat) Verbindungen enthalten sein. Gerade der Nachweis der vielfältigen einzelnen organischen Verbindungen ist analytisch aufwendig und nur begrenzt möglich. Deshalb wurden als Maß für die organische Belastung des Abwassers sogenannte *Summenparameter* eingeführt. Hierbei wird die organische Substanz zu Wasser und Kohlendioxid oxidiert. Dies kann durch Bakterien *(biochemischer Sauerstoffbedarf BSB)*, chemische Oxidationsmittel *(chemische Sauerstoffbedarf CSB)* oder *Verbrennung (Total Organic Carbon TOC)* erfolgen. Die Angabe erfolgt entweder durch Angabe des zur Oxidation erforderlichen Sauerstoffs oder Menge an vorhandenem Kohlenstoff. Tab. 3.3 zeigt hierzu beispielhaft einige Werte.

Weitere wichtige Parameter zur Charakterisierung von Abwasser und der Abwasserreinigung sind die *Stickstoffverbindungen* Ammonium (NH_4^+), Nitrit (NO_2^-) und Nitrat (NO_3^-). Ammonium entsteht pH-abhängig aus Ammoniak (NH_3) durch Anlagerung eines Protons (H^+). Bei einem pH-Wert <8 liegt überwiegend NH_4^+, bei einem pH-Wert >10 überwiegend NH_3 vor. Ammonium bildet sich beim Abbau von stickstoffhaltigen Nahrungsmitteln (z. B. Proteinen) über die Ausscheidung von Harnstoff, der enzymatisch in NH_3 und CO_2 gespalten wird. Im Gewässer wird Ammonium unter Sauerstoffverbrauch von Bakterien zu Nitrat oxidiert (Nitrifikation). Die Folge

Tab. 3.3 Belastung unterschiedlicher Wässer mit organischen Stoffen. (Quelle: Holzbaur)

Wasser	BSB in mg/L O_2	CSB in mg/L O_2	TOCin mg/L C
Fließgewässer mäßig belastet	5	10 bis 20	3
Kommunales Abwasser, ungereinigt	200 bis 300	400 bis 600	150
Kommunales Abwasser, nach biologischer Reinigung	20	60 bis 120	20

ist zum einen eine Sauerstoffzehrung im Gewässer (Fischsterben wegen Sauerstoffmangel) und zum andern eine Düngung durch das gebildete Nitrat (Düngung, vermehrtes Pflanzenwachstum). Außerdem wirkt Ammoniak als Zellgift (für Forellen tödlich ab 0,6 mg/L). Deshalb ist die Eliminierung von stickstoffhaltigen Verbindungen in der Kläranlage von Bedeutung.

Eine Herausforderung der Abwasserreinigung ist die Entfernung von *Mikroverunreinigungen* (organische Spurenstoffe). Quellen dieser Stoffe sind Pflanzenschutzmittel (PSM), Arzneimittel, Körperpflegemittel, Süßstoffe, Haushalts- und Industriechemikalien. Diese Stoffe werden in der kommunalen Kläranlage nur teilweise entfernt und können über das Oberflächengewässer (Vorfluter) in die aquatische Umwelt bis in das Grundwasser gelangen. Durch zusätzliche Verfahrensschritte auf der Kläranlage (4. Reinigungsstufe); beispielsweise durch den Einsatz von Pulveraktivkohle und/oder Ozon; wird die Konzentration der Mikroverunreinigungen im Kläranlagenablauf deutlich reduziert. Abb. 3.4 gibt eine Übersicht der Belastung von Zu- und Ablauf der Kläranlage mit Mikroverunreinigungen (organischen Spurenstoffen). Die linke Seite der Abb. 3.4 zeigt den Konzentrationsbereich ausgewählter Spurenstoffe im Zulauf der Kläranlage. Auf der rechten Seite sind typische Ablaufwerte aus der Kläranlage aufgelistet. Zu erkennen ist, dass viele Stoffe nicht oder nur unvollständig durch den Klärprozess entfernt werden. Dies wird durch die Darstellung der Reinigungsleistung (Abb. 3.4 unten) aufgezeigt. Die Konzentrationen im Zulauf der Kläranlage (Abb. 3.4, linke Seite) schwanken sehr stark, abhängig von den angeschlossenen Einleitern. So können bei Röntgenkontrastmitteln (RKM) Konzentration bis 50 µg/L und mehr auftreten. Häufig angewandte Schmerzmittel wie Diclofenac oder Ibuprofen treten im Zulauf der Kläranlage im Bereich einiger µg/L auf. Auffällig ist die relativ hohe Konzentration der künstlichen Süßstoffe Acesulfam und Sucralose, die praktisch in der Kläranlage nicht entfernt werden und dadurch wie die RKM heute bereits im Grundwasser und vereinzelt auch im Trinkwasser nachgewiesen werden.

PSM: Pflanzenschutzmittel; RKM: Röntgenkontrastmittel.

Spurenstoffe, die in einer konventionellen Kläranlage nicht wesentlich eliminiert werden können, sollen durch einen zusätzlichen Behandlungsprozess (4. Reinigungsstufe) mit Aktivkohle und/oder Ozon reduziert werden.

3.2 Boden

Der Boden entsteht durch *Verwitterung* von *Gestein* und *Mineralien,* der mit Mengen zu Humus umgewandelter *organischen Bestandteile* vermischt ist. Die Verwitterung geschieht durch physikalische, chemische und biologische Prozessen, die das Grundgestein zersetzen und zur Bodenmasse umgestalten. Klima, Vegetation, Tiere, Mensch und Gestein beeinflussen die Bodenbildung, sodass verschiedene *Bodentypen* entstehen. So sind in Deutschland vor allem Braunerden, Podsole und Gleye zu finden. Ein Grünlandboden besteht aus 45 Vol-% mineralischer Substanz, 7 Vol-% organischer Substanz, 23 Vol-% Wasser und 25 Vol-% Luft.

3.2.1 Stoffeinträge

Abb. 3.5 zeigt die Wirkungspfade einer Bodenkontamination nach dem BBodSchG:

1. *Boden–Mensch*
   Die Belastung des Menschen durch eine Bodenkonatmination betreffen die Bereiche, auf denen sich der Mensch bewegt (0 bis 10 cm bzw 20 cm).

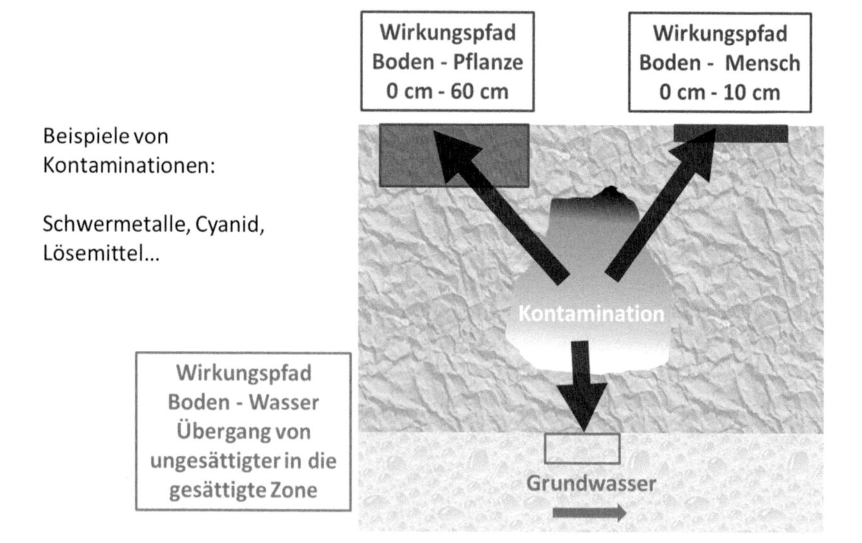

Abb. 3.5 Wirkungspfade der Bodenkontamination mit Tiefenbereich für den Ort der Beurteilung. (Eigene Darstellung)

Die Stoffe vom Boden werden vom Menschen durch Einatmen aufgenommen und bei Kindern auch durch die Hand in den Mund.

2. *Boden–Pflanze*
   Die Belastung der Pflanzen erfolgt über die Aufnahme der Bodenkontamination durch die Wurzeln und spielen sich in der Tiefe von 30 bis 60 cm ab. Die Wurzeln können nur das aufnehmen, was sich in ihrem Bereich löst.
3. *Boden–Grundwasser*
   Das Regenwasser versickert im Boden und kann auf dem Weg ins Grundwasser Stoffe lösen und so ins Grundwasser transportieren. Hierbei spielt die „Stärke" der Bindung des Schadstoffes an die Bodenpartikel eine wichtige Rolle. Stoffe, die fest an die Bodenpartikel gebunden sind, können somit nicht in das Grundwasser gelangen und stellen deshalb auch keine Gefahr für den Wirkungspfad Boden-Grundwasser dar.

Die Stoffeinträge finden im Wesentlichen auf folgenden Wegen statt:

- Einträge aus der Atmosphären (saurer Regen),
- Landwirtschaft (Düngemittel [Nitrat], Pflanzenschutzmittel [Glyphosat]),
- Altlasten (Industriebrachen),
- Unfälle (Autounfälle mit auslaufendem Benzin oder Diesel).

Besonders problematisch sind die *persistenten,* d. h. nicht oder kaum abbaubaren Schadstoffe. Ihr Gehalt reichert sich mit der Zeit immer mehr an, sodass Flora, Fauna und der Mensch großen gesundheitlichen Gefährdungen ausgesetzt sein können. Tab. 3.4 zeigt die Spurenelemente, die für die Bodenkontaminierung besonders gefährlich sind (z. B. Cadmium).

Die Trinkwasserversorgung ist in Deutschland auf unbelastetes Grundwasser angewiesen. Durch intensive Landwirtschaft kann das Grundwasser beispielsweise durch Nitrat infolge intensiver Düngung beeinflusst werden. Mit der Verordnung über die „Anwendung von Düngemitteln, Bodenhilfsstoffen, Kultursubstraten und Pflanzenhilfsmitteln nach den Grundsätzen der guten fachlichen Praxis beim Düngen *(Düngeverordnung – DüV)*" vom 26. Mai 2017 soll auch das Grundwasser stärker geschützt werden. Ein wichtiger Bestandteil der Düngeverordnung ist die *Bilanzierung* der Nährstoffe *Stickstoff* (N) und *Phosphor* (P) und somit die *Düngebedarfsermittlung.* Dadurch soll der Austrag von Nitrat in das Grundwasser minimiert werden. Der Stickstoffbedarfswert für Weizen beträgt 230 kg N/ha bei 8000 kg/ha Weizen (DüV, Anlage 4). Abhängig vom N-Gehalt im Boden, Humusgehalt, von der Vorfrucht, Zwischenfrucht und der organischen Düngung ergeben sich durch *Zu-* und *Abschläge* im N-Düngebedarf.

Tab. 3.4 Konzentration (in mg/kg) der Spurenelemente im Boden. (Quelle: LABO)

	Hintergrundwerte mg/kg 90 % Perzentil						Prüfwerte (BBodSchV) mg/kg			
	Sande			Tongestein			Kinderspielflächen	Wohngebiete	Freizeitanlagen	Industrieflächen
Element	Acker	Grünland	Wald	Acker	Grün land	Wald				
As	3,9	4,5	6,2	20	17	26	25	50	125	140
Cd	0,3	0,5	0,2	0,8	1,0	0,4	10	20	50	60
Co	3,9	3,3	1,8	21	23	17				
Cr	IS	32	13	61	66	57	200	400	1000	1000
Cu	11	14	8,9	32	36	28				
Hg	0,06	0,09	0,3	0,2	0,2	0,4	10	20	50	80
Mo	0,4	0,3	1,1	0,9	1,3	1,4				
Ni	7,3	7,7	4,9	56	60	41	70	140	350	900
Pb	20	30	45	66	81	168	200	400	1000	2000
U	0,6	0,8	0,5	1,5	1,3	0,9				
V	23	38	13	80	96	79				
Zn	46	54	33	154	171	125				

Der Einsatz von *Pflanzenschutzmitteln* (PSM) und *Bioziden* (Desinfektionsmittel, Produktschutzmittel, Schädlingsbekämpfungsmittel) in der Landwirtschaft und im privaten Bereich, stellen eine mögliche Belastung des Grundwassers dar (Grenzwert TrinkwV 2001 für Pflanzenschutzmittel-Wirkstoffe und Biozidprodukt-Wirkstoffe 0,1 µg/L für jeden einzelnen Wirkstoff, 0,5 µg/L für die Summe). So werden Häuserfassaden mit Bioziden behandelt und diese können in Spuren mit dem Regen in die Kanalisation und über die Kläranlage in die Gewässer gelangen.

Das Breitbandherbizid Glyphosat (erstmals 1974 als Roundup auf dem Markt, Zulassung in Deutschland seit 1975 BRD, 1982 DDR) findet eine vielfältige Anwendung u. a. in der Landwirtschaft, in der Industrie und im Privatbereich statt. Die Produktion von Glyphosat weltweit betrug 67.000 t im Jahr 1995 und 826.000 t im Jahr 2014. Bei der Überprüfung der weiteren Zulassung 2013 wurden neuere Untersuchungen zum Verdacht auf Kanzerogenität von Glyphosat berücksichtigt. Die Untersuchungsergebnisse wurden in Bezug auf eine weitere Zulassung unterschiedlich bewertet. Es ist zu erwarten, dass in wenigen Jahren ein Verbot von Glyphposat in der EU erfolgen wird.

3.2.2 Bundesbodenschutzgesetz (BBodSchG)

Zweck des Bodenschutzgesetzes (Gesetz zum Schutz vor schädlichen Bodenveränderungen und zur Sanierung von Altlasten BBodSchG vom 17. März 1998) ist es, „nachhaltig die Funktionen des Bodens zu sichern oder wiederherzustellen. Hierzu sind schädliche Bodenveränderungen abzuwehren, der Boden und Altlasten sowie hierdurch verursachte Gewässerverunreinigungen zu sanieren und Vorsorge gegen nachteilige Einwirkungen auf den Boden zu treffen".

Jeder, der auf den Boden einwirkt, hat sich so zu verhalten, dass schädliche Bodenveränderungen nicht hervorgerufen werden. Der Grundstückseigentümer ist verpflichtet, Maßnahmen zur Abwehr der von seinem Grundstück drohenden schädlichen Bodenveränderungen zu ergreifen. Der Verursacher einer schädlichen Bodenveränderung oder Altlast ist verpflichtet, den Boden und Altlasten sowie durch schädliche Bodenveränderungen oder Altlasten verursachte Verunreinigungen von Gewässern entsprechend zu sanieren. Der Grundstückseigentümer kann dazu verpflichtet werden, bei dauerhaft nicht mehr genutzten Flächen, deren *Versiegelung* im Widerspruch zu planungsrechtlichen Festsetzungen steht, den Boden in seiner Leistungsfähigkeit so weit wie möglich und zumutbar zu erhalten oder wiederherzustellen *(Entsiegelung).*

In Deutschland beträgt der tägliche Flächenverbrauch etwa 100 ha. Bis zum Jahre 2020 soll der Flächenverbrauch auf 30 ha pro Tag verringert werden. Um dieses Ziel zu erreichen, ist es notwendig, Brachflächen wieder nutzbar zu machen. Abb. 3.6 zeigt das Zusammenwirken unterschiedlicher Einflussfaktoren bei Projekten zum Flächenrecycling.

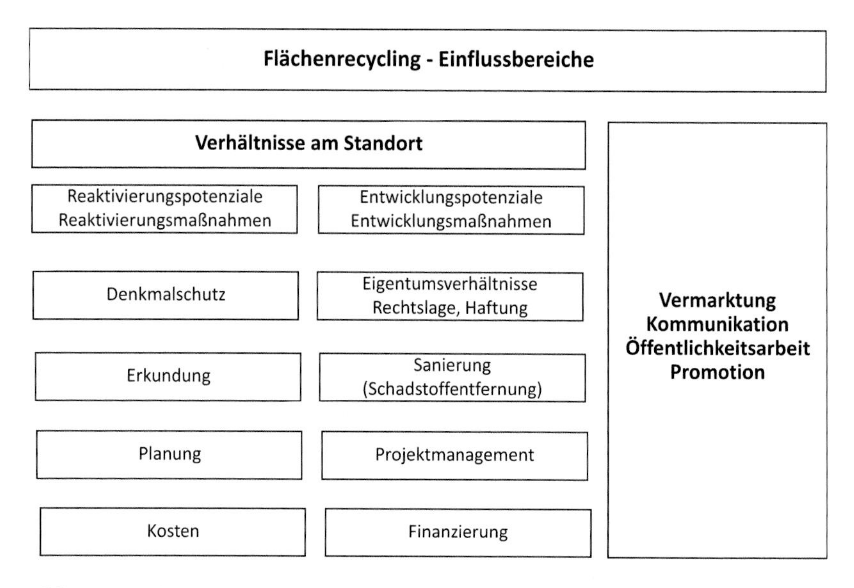

Abb. 3.6 Einflussfaktoren beim Flächenrecycling. (Eigene Darstellung)

Zur Beurteilung einer Bodenkontamination werden folgende Bewertungsmaßstäbe angewandt:

- *Prüfwerte* sind Werte, bei deren Überschreitung eine einzelfallbezogene Prüfung durchzuführen ist. Hierbei ist die Nutzungsart des Bodens (Kinderspielflächen, Wohngebiete, Park- und Freizeitanlagen, Industrie- und Gewerbegebiete) zu berücksichtigen.
- *Vorsorgewerte* sind Werte, bei deren Überschreitung die Besorgnis einer schädlichen Bodenveränderung besteht.
- *Maßnahmenwerte* sind Werte, bei deren Überschreitung in der Regel eine schädliche Bodenveränderung oder Altlast vorliegt.

Sanierung

Sanierung sind Maßnahmen

- zur Beseitigung oder Verminderung der Schadstoffe *(Dekontaminationsmaßnahmen),*
- die eine Ausbreitung der Schadstoffe langfristig verhindern oder vermindern, ohne die Schadstoffe zu beseitigen *(Sicherungsmaßnahmen)* oder
- zur Beseitigung oder Verminderung *schädlicher Veränderungen* der physikalischen, chemischen oder biologischen Beschaffenheit des Bodens.

Tab. 3.5 Zusammenstellung von Verfahrenstechniken für die Sanierung von Altlasten und Schadensfällen. (Quelle: Holzbaur)

Sicherungs-Verfahren	**Passive hydraulische Verfahren** Grundwasserabsenkung Grundwasserumleitung	**Bautechnische Verfahren** Oberflächenabdichtung Basisabdichtung Vertikale Abdichtung Bodenaustausch	**Immobilisierung** Verfestigung Verbrennung	
Trennungs-Verfahren	**Waschverfahren** Boden-Waschverfahren Chemische Mobilisierung	**Thermische Verfahren** Destillation Dampf- und Heißgas-Injektion	**Aktive hydraulische und pneumatische Verfahren** Grundwasserentnahme Bodenluftabsaugung	**Elektrokinetische Verfahren** Elektroosmose Elektrophorese Elektrolyse
Umwandlungsverfahren	**Thermische Verfahren** Verbrennung Pyrolyse	**Biologische Verfahren** Landfarming Mieten Reaktorverfahren In-situ-Verfahren		

Liegen Verdachtsmomente für das Vorhandensein einer Altlast vor, müssen diese durch weitere Untersuchungen belegt werden. Unabhängig vom Kontaminationsvolumen können die in Tab. 3.5 zusammengestellten Verfahrenskombinationen eingesetzt werden.

3.3 Luft

Die *Troposphäre* ist die unterste Luftschicht der Erdatmosphäre und erstreckt sich bis zu einer Höhe von etwa 12 km über der Erdoberfläche. Sie zeichnet sich durch eine relativ rasche konvektive Durchmischung der Luftmassen aus. Die Hauptbestandteile sind *Stickstoff* (N_2), *Sauerstoff* (O_2) und *Argon* (Ar). Tab. 3.6 zeigt die Volumen- und Massenanteile der Haupt- und Spurenstoffe in der Luft.

Die Konzentrationsangaben von Spurenstoffen in der Atmosphäre erfolgt in ppm (parts per million; ein Volumenprozent entspricht 10.000 ppm). Der Volumenanteil an Kohlendioxid (CO_2) von 0,034 Vol.-% entspricht somit 340 ppm.

Tab. 3.6 Zusammensetzung der Luft. (Quelle: Römpp)

Gas	Formel	Vol %	ppm	Gas	Formel	ppm
Stickstoff	N_2	78,08		Methan	CH_4	1,8
Sauerstoff	O_2	20,95		Krypton	Kr	1,1
Argon	Ar	0,93		Xenon	Xe	0,9
Kohlendioxid	CO_2	0,034	340	Wasserstoff	H_2	0,5
Neon	Ne	0,0018	18	Lachgas	N_2O	0,31
Helium	He	0,00052	5,2	Kohlenmonoxid	CO	1

Die Konzentration eines Spurenstoffes kann auch als Masse pro Volumen (z. B. mg/m^3) angegeben werden. Zur Umrechnung ist die Molmasse M des Stoffes erforderlich.

Die Atmosphäre unterliegt einer *Schichtung,* die durch den Temperaturverlauf charakterisiert ist. In der *Troposphäre* nimmt die Temperatur mit der Höhe ab. Durch die eingestrahlte Sonnenenergie wird der Erdboden und die bodennahe Luft aufgeheizt. Diese kühlt sich beim Aufsteigen adiabatisch ab, wodurch eine Abkühlung eintritt. In der ab 20 km Höhe beginnenden *Stratosphäre* wird der Temperaturverlauf durch die Energiebilanz von absorbierter Sonnenstrahlung und emittierter Wärmestrahlung bestimmt.

Die Energiebilanz der Atmosphäre und die Entstehung der Erderwärmung sind in Abb. 3.7 dargestellt (die Zahlenwerte haben die Einheit W/m^2 und stammen von ICPP 2001). Die auf die Erde auftreffende Sonnenstrahlung (kurzwellige Strahlung) hat eine Leistung von 342 W/m^2. Davon werden an den Wolken und von der Erdoberfläche 107 W/m^2 (31 %) ins Weltall wieder reflektiert. Der Rest von 69 % wird in der Troposphäre (Wolken und Erdoberfläche) absorbiert. Für die Absorption der kurzwelligen Strahlung von der Sonne in der Troposphäre sind hauptsächlich Wasserdampf und Wolken verantwortlich, Kohlendioxid, Ozon und Sauerstoff absorbieren weniger als 1 %.

Während die Atmosphäre für die kurzwellige Strahlung weitgehend durchlässig ist, wird die langwellige Abstrahlung von der Erdoberfläche (Wärmestrahlung; mittlerer, hell schraffierter Teil der Abb. 3.7) durch Wasserdampf, Wolken, Kohlenstoffdioxid, Ozon, Stickstoffoxid, Methan und andere Spurengase absorbiert. In der Abb. 3.7 ist zu erkennen, dass nur 40 W/m^2 (10 %) der langwelligen Strahlung von der Erdoberfläche direkt ins Weltall ohne Absorption und Remission abgestrahlt werden.

Wichtiger Effekt ist dabei die Rückstrahlung. Sie entsteht dadurch, dass die in den Wolken absorbierte Strahlung von 155 W/m^2 (40 %) wiederum Wärme

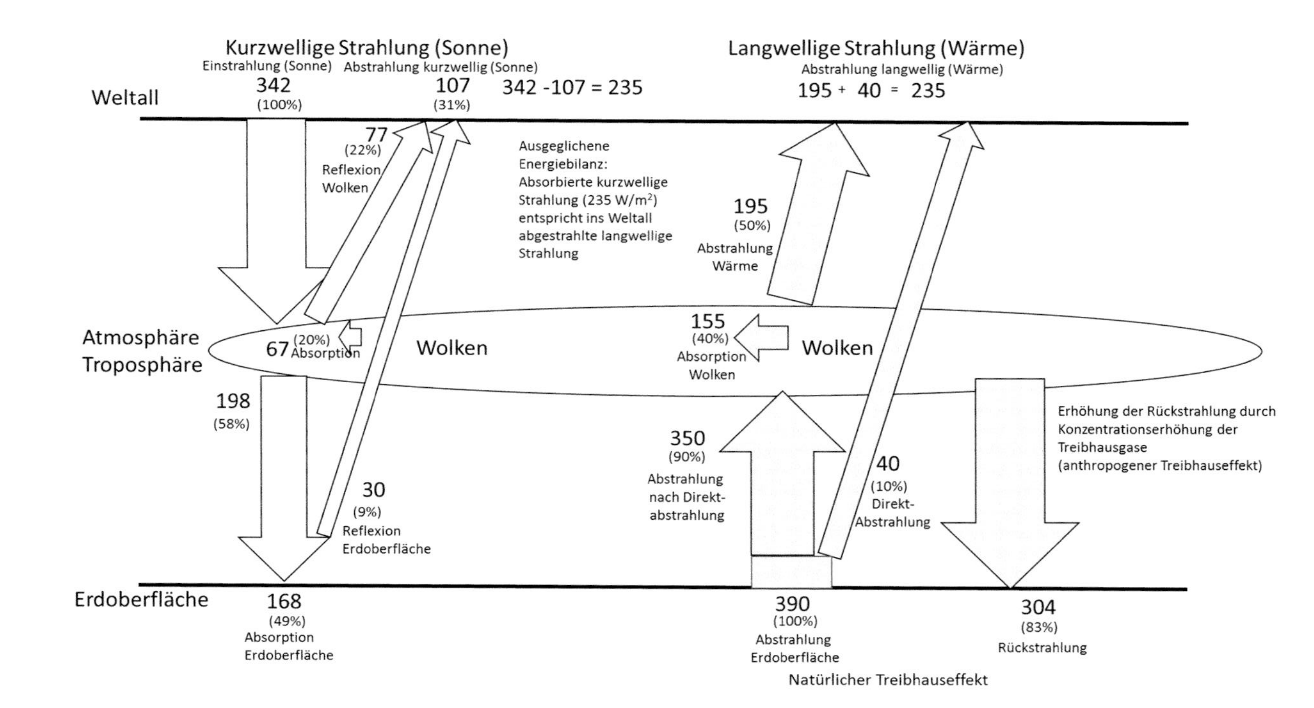

Abb. 3.7 Energiebilanz der Atmosphäre und der Effekt der Erderwärmung. (Eigene, vereinfachte Darstellung in Anlehnung an IPCC AR5 2013; Zahlenangaben in W/m^2)

von 324 W/m^2 (83 %) an die Erdoberfläche abgibt. Dies erzeugt eine natürliche Erderwärmung, die dafür sorgt, dass die Erdoberfläche eine Temperatur statt −14 °C immerhin +15 °C aufweist. Die vom Menschen erzeugte Erderwärmung (anthropogene Erderwärmung) entsteht durch die vermehrte Emission von Treibhausgasen und damit die Erhöhung der Rückstrahlung der Atmosphäre. Zu berücksichtigen ist zudem die im Wasserdampf gespeicherte Energie (latente Wärme) die bei Kondensation (Regen) wieder freigesetzt wird.

3.3.1 Stoffeinträge

Tab. 3.7 zeigt die klimaschädlichen Treibhausgase. Ihr jeweiliges Schädigungspotenzial wird auf Kohlendioxid bezogen (CO_2 hat definitionsgemäß das Schädigungspotenzial von 1). Daraus ist ersichtlich, dass Methan (CH_4) 25 mal klimaschädlicher ist als CO_2. Am gefährlichsten sind die fluorierten Treibhausgase (F-Gase)mit einem Wert von 8500. Allerdings entfallen auf sie lediglich 1,6 % aller klimaschädlichen Emissionen. Das *wichtigste Treibhausgas* ist CO_2. Es entsteht, wie Tab. 3.7 zeigt, hauptsächlich bei der Verbrennung fossiler Energieträger (Kohle, Öl, Gas) in den Sektoren Verkehr, Industrieproduktion, Haushalte sowie die Strom- und Wärmeerzeugung.

Methan (CH_4) entsteht hauptsächlich durch fossile Energieträger (27 %). An zweiter Stelle steht mit 25 % die Viehhaltung und an dritter Stelle der Reisanbau (17 %). Das bedeutet, dass eine enge Verbindung zur Ernährung und Weltbevölkerungszahl besteht.

Insgesamt findet aber in den letzten 35 Jahre weltweit eine Zunahme wichtiger Treibhausgase statt (Abb. 3.8).

Der größte Anteil am Treibhauseffekt wird weltweit mit etwa 66 % dem *Kohlendioxid* (CO_2) zugeschrieben, gefolgt von *Methan* (CH_4: 17 %), den *Fluorkohlenwasserstoffen* (FKW: 11 %) und *Distickstoffoxid* (N_2O: 6 %). (Quelle: NOAA 2017).

Im Folgenden werden schwerpunktmäßig über die gesundheitsschädlichen Stickoxide (NO_x) und den Feinstaub diskutiert, da diese derzeit in der öffentlichen Diskussion eine große Rolle spielen.

- **Stickoxide (NO_x)**
  Stickoxide sind Sauerstoff-Verbindungen mit Stickstoff. Die meisten NO_x-Werte werden durch Verbrennungen erzeugt. In den Städten ist das insbesondere der Verkehr. Stickstoffdioxid (NO_2) schädigt die Atmungsorgane und beeinträchtigt insbesondere die Lungenfunktionen. Deshalb wurden von der EU Grenzwerte für die Verbrennungsmotoren festgelegt. Wie Abb. 3.9 zeigt,

Tab. 3.7 Treibhausgase und ihre Eigenschaften. (Eigene Darstellung nach Daten des Umweltbundesamtes)

Treibhausgas	Potenzial	Verweildauer in Atmosphäre	Emissionen in D	Herkunft
Kohlendioxid (CO_2)	1	120 Jahre	88 %	Fossile Energieerzeugung (75 %) Waldrodung, Holzverbrennung (25 %)
Methan (CH_4)	25	9 Jahre bis 15 Jahre	6,20 %	Fossile Energieerzeugung (27 %) Viehhaltung (23 %); Reisanbau (17 %) Biomasse (11 %); Müllhalden (8 %) Abwasser (8 %); Tierexkremente (6 %)
Lachgas (N_2O)	298	114 Jahre	4,20 %	Bodendünger (40 %); chem. Industrie (20 %) Fossile Energieerzeugung (20 %) Biomasse (20 %)
Fluorierte Treibhausgase (F-Gase)	8500	Sehr lang	1,60 %	Kältetechnik, Spraydosen, Reinigungsmittel
(HFKW, FKW, SF_6, NF_3)				Dämm-Material
HFKW: Wasserstoffhaltige Fluorkohlenwasserstoffe				
FKW: Perfluorierte Fluorkohlenwasserstoffe				
SF_6: Schwefelhexaflorid				
NF_3: Stickstofftrifluorid				

muss mit zunehmender EURO-Norm der NO_x-Wert abnehmen. Es ist zu erkennen, dass die NO_x-Werte für Diesel- und Ottomotoren bei der EURO6-Norm fast identisch ist. Werden die Dieselverbrennungen entsprechend behandelt (z. B. Einspritzen von Harnstoff im AdBlue-Verfahren, durch den das Stickoxid gebunden wird), so ist ein Dieselmotor nicht umweltschädlicher als ein Otto-Motor.

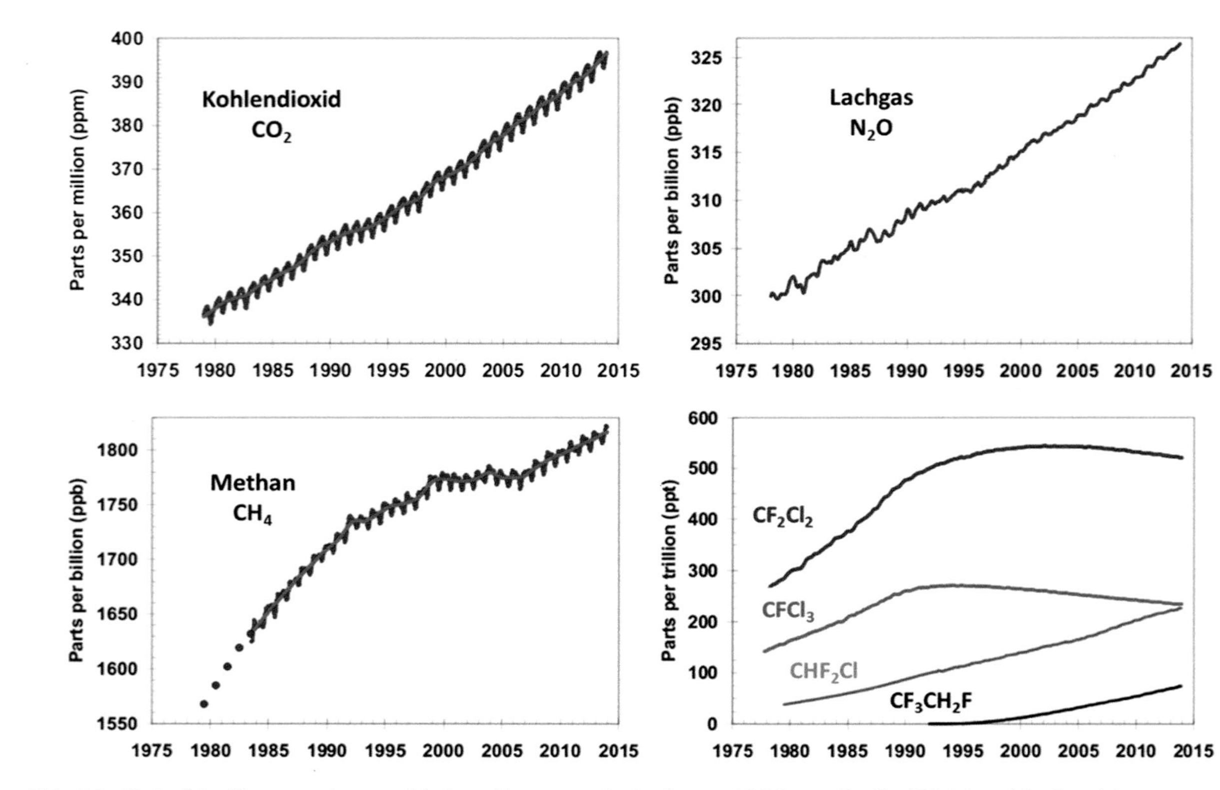

Abb. 3.8 Verlauf der Konzentration verschiedener Spurengase in den letzten 35 Jahren. (Quelle: NOAA; public domain)

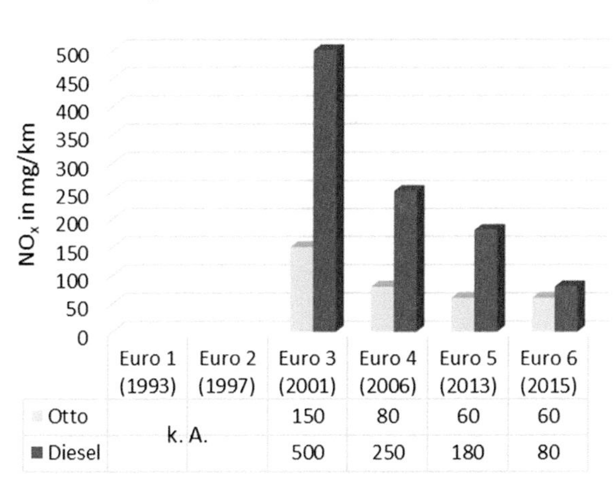

Abb. 3.9 Stickoxid-Grenzwerte in mg/km für den Otto- und Dieselmotor nach den EU-Normvorgaben. (Eigene Darstellung; k. A.: keine Angaben)

- **Feinstaub**
  Feinstaub ist ein Gemisch aus festen und flüssigen Partikeln (PM: Particular Matter). Sie werden entsprechend ihrem Durchmesser in folgende Kategorien eingeteilt:
- PM 10 (maximaler Durchmesser 10 μm)
- PM 2,5 (maximaler Durchmesser 2,5 μm)
- PM 0,1 (ultrafeine Partikel mit einem Durchmesser von <0,1 μm).

Diese Partikel dringen über die Nase bis in die Bronchien und Lungen ein und verursachen Reizungen und Entzündungen, können aber auch Thrombosen begünstigen oder die Herzfrequenz beeinflussen. Abb. 3.10 zeigt den Ursprung der Feinstäube.

In Europa wurden seit 1. Januar 2005 folgende Grenzwerte für PM10 festgelegt (EU-Richtlinie 1999/30/EG):

- Tagesgrenzwert: 50 μg/m³, der nicht mehr als 35-mal im Jahr überschritten werden darf.
- Jahresmittelwert: 40 μg/m³.

Für PM2,5 gelten ab dem 1. Januar 2008 im Jahresmittel der Grenzwert von 25 μg/m³ und ab 1. Januar 2020 der Grenzwert von 20 μg/m³ (EU-Richtlinie 2008/50/EG).

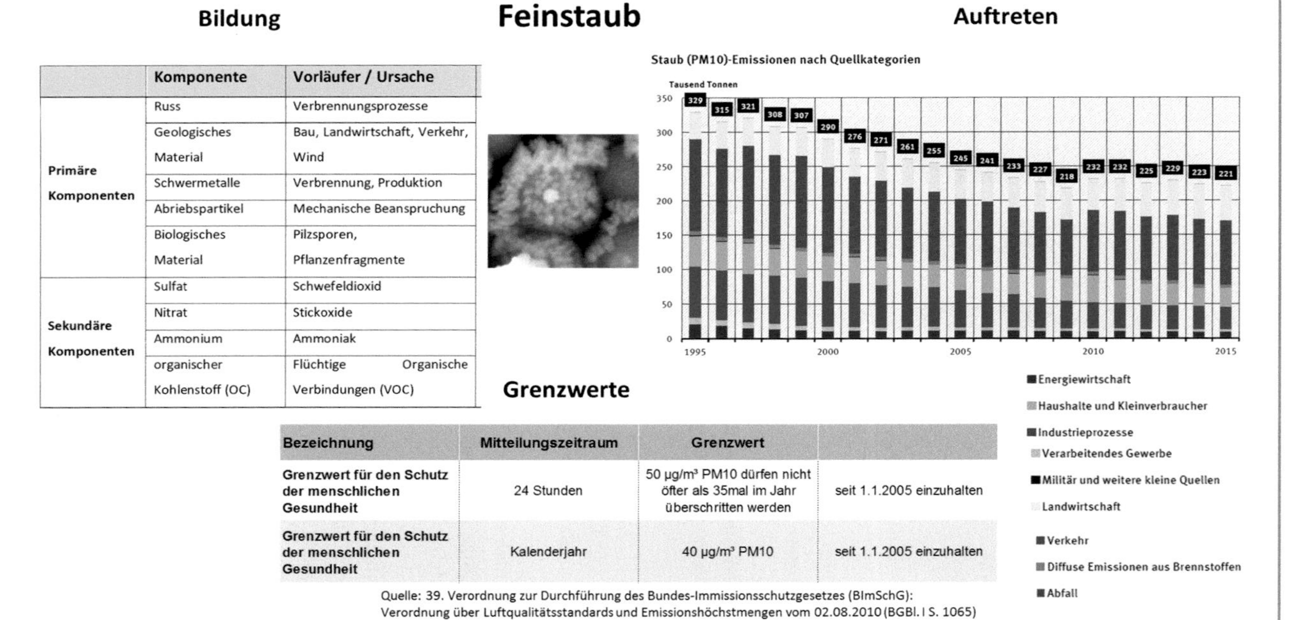

	Komponente	Vorläufer / Ursache
Primäre Komponenten	Russ	Verbrennungsprozesse
	Geologisches Material	Bau, Landwirtschaft, Verkehr, Wind
	Schwermetalle	Verbrennung, Produktion
	Abriebspartikel	Mechanische Beanspruchung
	Biologisches Material	Pilzsporen, Pflanzenfragmente
Sekundäre Komponenten	Sulfat	Schwefeldioxid
	Nitrat	Stickoxide
	Ammonium	Ammoniak
	organischer Kohlenstoff (OC)	Flüchtige Organische Verbindungen (VOC)

Bezeichnung	Mitteilungszeitraum	Grenzwert	
Grenzwert für den Schutz der menschlichen Gesundheit	24 Stunden	50 µg/m³ PM10 dürfen nicht öfter als 35mal im Jahr überschritten werden	seit 1.1.2005 einzuhalten
Grenzwert für den Schutz der menschlichen Gesundheit	Kalenderjahr	40 µg/m³ PM10	seit 1.1.2005 einzuhalten

Quelle: 39. Verordnung zur Durchführung des Bundes-Immissionsschutzgesetzes (BImSchG): Verordnung über Luftqualitätsstandards und Emissionshöchstmengen vom 02.08.2010 (BGBl. I S. 1065)

Abb. 3.10 Zusammensetzung, Quellen und Grenzwerte von Feinstaub. (Eigene Darstellung; rechts oben: Quelle Umweltbundesamt)

In Abb. 3.11 ist die Feinstaubbelastung durch den Otto- und Dieselmotor im Zusammenhang mit den verschiedenen EURO-Normen dargestellt. Dabei ist zu erkennen, dass ab der EURO-Norm 5 die Diesel- und die Ottomotoren etwa dieselben Grenzwerte von 4,5 mg/km einhalten müssen.

Weil der CO_2-Ausstoß eines Dieselmotors im Vergleich zum Ottomotor im Mittel um etwa 15 % geringer ist und die Schadstoffe der Diesel bei NO_x und Feinstaub etwa gleich dem Ottomotor ist, so hat der Dieselmotor, zumindest was die Klimabelastung betrifft, Vorteile gegenüber dem Ottomotor.

Abb. 3.12 zeigt, dass die Feinstaubbelastung in verkehrsnahen Bereichen viel größer ist als in ländlichen Regionen (obere Kurve: verkehrsnah, mittlere Kurve: städtischer Hintergrund, untere Kurve: ländlicher Hintergrund). Zugleich ist festzustellen, dass die Feinstaubbelastung im Zeitverlauf von 1990 bis 2015 deutlich abgenommen hat, aber von 2012 bis 2015 in etwa gleich geblieben ist.

Für die Auswirkungen der Spurengase gilt:

- *Saurer Regen* (Kohlendioxid:CO_2, Methan: CH_4, Ozon: O_3).
- *Smog* (Kohlenmonoxid: CO; Stickoxide: NO_x, Schwefeldioxid: SO_2, Kohlenwasserstoffe: C_xH_y, Ozon: O_3).
- *Treibhauseffekt* (Kohlendioxid: CO_2, Methan: CH_4, Lachgas: N_2O, halogenierte Verbindungen, Ozon: O_3).

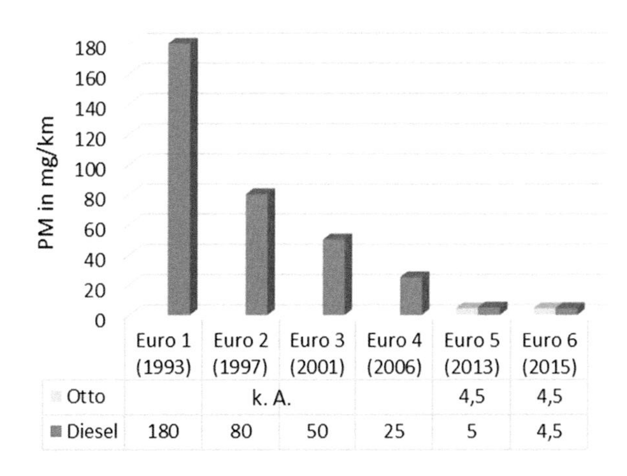

Abb. 3.11 Feinstaub-Grenzwerte PM in mg/km für den Otto- und Dieselmotor nach den EU-Normvorgaben. (Eigene Darstellung; PM: particulate matter; k. A.: keine Angaben)

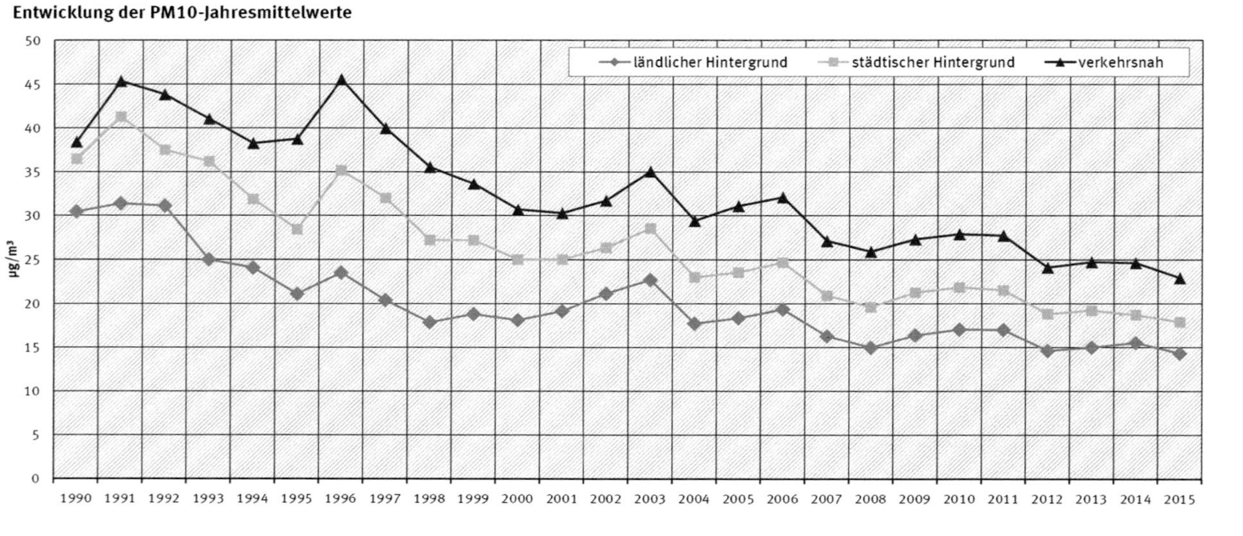

Abb. 3.12 Zeitliche Entwicklung der Feinstaubbelastung. (Quelle: Umweltbundesamt)

3.3.2 Bundesimmissionsgesetz (BImSchG)

Die erste Fassung des Bundesimmissionsgesetzes (BImSchG) wurde 1974 verabschiedet. Zweck dieses Gesetzes ist es, Menschen, Tiere und Pflanzen, den Boden, das Wasser, die Atmosphäre sowie Kultur- und sonstige Sachgüter vor schädlichen Umwelteinwirkungen zu schützen und dem Entstehen schädlicher Umwelteinwirkungen vorzubeugen. Im Sinne dieses Gesetzes sind *schädliche Umwelteinwirkungen* Immissionen, die nach Art, Ausmaß oder Dauer geeignet sind, Gefahren, erhebliche Nachteile oder erhebliche Belästigungen für die Allgemeinheit oder die Nachbarschaft herbeizuführen. *Immissionen* sind auf Menschen, Tiere und Pflanzen, den Boden, das Wasser, die Atmosphäre sowie Kultur- und sonstige Sachgüter *einwirkende* Luftverunreinigungen, Geräusche, Erschütterungen, Licht, Wärme, Strahlen und ähnliche Umwelteinwirkungen. *Emissionen* stellen die von einer Anlage *ausgehenden* Luftverunreinigungen, Geräusche, Erschütterungen, Licht, Wärme, Strahlen und ähnlichen Erscheinungen dar. *Luftverunreinigungen* sind Veränderungen der natürlichen Zusammensetzung der Luft, insbesondere durch Rauch, Ruß, Staub, Gase, Aerosole, Dämpfe oder Geruchsstoffe.

Eine Genehmigung ist für alle Anlagen erforderlich, die ein entsprechendes Gefahrenpotenzial aufweisen. Für Otto- und Dieselkraftstoffe müssen ab 2017 4,5 % und ab 2020 7 % Biokraftstoff enthalten.

3.3.3 Maßnahmen

Bei Kraftwerken und Müllverbrennungsanlagen ist der Aufwand zur Verringerung der NO_x-, SO_2- und Feinstaubemissionen erheblich. NO_x wird katalytisch mit Ammoniak (NH_3) entfernt. SO_2 wird durch Oxidation mit Sauerstoff (O_2) und anschließendem Auswaschen des Gases mit Calciumhydroxid ($Ca(OH)_2$) als Calciumsulfat (Gips: $CaSO_4$) ausgeschieden und im Baubereich weiterverwertet. Der Feinstaub wird durch Elektrofilter aus dem Abgas entfernt. Bei einer Müllverbrennungsanlage mit 295.000 t/Jahr (z. B. Müllverbrennungsanlage Hamm) fallen stündlich pro Kessel die enorme Menge von 50.000 m^3 (unter Normalbedingungen) zu reinigendem Rauchgas an. Für Städte mit besonders hoher Feinstaubbelastung (Überschreitung des Grenzwertes) wie Berlin, München und Stuttgart müssen Maßnahmen zur Einhaltung dieses Grenzwertes umgesetzt werden. Derzeit (2017) findet eine intensive Diskussion zu Fahrverboten und strengeren Kontrollen zur Einhaltung der Abgasgrenzwerte statt, insbesonder unter realen Fahrbedingungen.

3.4 Abfall

3.4.1 Abfallarten

Die Ziele der modernen Abfallwirtschaft wurden in ähnlicher Weise in Deutschland, Österreich und der Schweiz formuliert, in Leitbildern beschrieben und später in die Gesetze übernommen. Eine nachhaltige Stoffwirtschaft wurde bereits 1994 im deutschen Kreislaufwirtschafts- und Abfallgesetz definiert

- als eine *„ordnungsgemäße und schadlose"* Abfallentsorgung,
- *ohne Anreicherung von Schadstoffen* im Wertstoffkreislauf,
- mit dem erklärten Vorrang der *„höherwertigen Verwertung"*.

Weitere Schritte in Richtung Nachhaltigkeit sind die geforderte „vollständige Abfallverwertung bis 2020" des deutschen Bundesumweltministeriums und Artikel 8 im 6. Umweltaktionsprogramm der Europäischen Gemeinschaft, mit besonderem Nachdruck auf der Nutzung der erneuerbaren Energien in Abfällen, der Produktverantwortung und der Forderung nach einer deutlichen Verringerung der Menge an Abfällen zur Beseitigung „bis auf ein Minimum".

3.4.2 Kreislaufwirtschaftsgesetz (KrWG)

Am 1. Juni 2012 ist das Gesetz zur Förderung der *Kreislaufwirtschaft* und Sicherung der *umweltverträglichen Bewirtschaftung* von Abfällen (Kreislaufwirtschaftsgesetz, KrWG) in Kraft getreten. Es löst das Kreislaufwirtschafts- und Abfallgesetz (KrW-/AbfG) ab. Mit dem KrWG werden Vorgaben der EU-Abfallrahmenrichtlinie (Richtlinie 2008/98/EG) in nationales Recht umgesetzt. Die Kreislaufwirtschaft soll noch stärker auf den Ressourcen-, Klima- und Umweltschutz ausgerichtet werden (§ 1 KrWG). Das KrWG gleicht den Abfallbegriff an die europäische Abfallrahmenrichtlinie an und erweitert ihn. *Abfälle* im Sinne dieses Gesetzes sind alle *Stoffe* oder *Gegenstände,* derer sich ihr *Besitzer entledigt, entledigen will* oder *entledigen muss.* Abfälle zur Verwertung sind Abfälle, die verwertet werden; Abfälle, die nicht verwertet werden, sind Abfälle zur Beseitigung (§ 3 Abs. 1). Das Abfallrecht ist nur auf bewegliche Sachen anzuwenden.

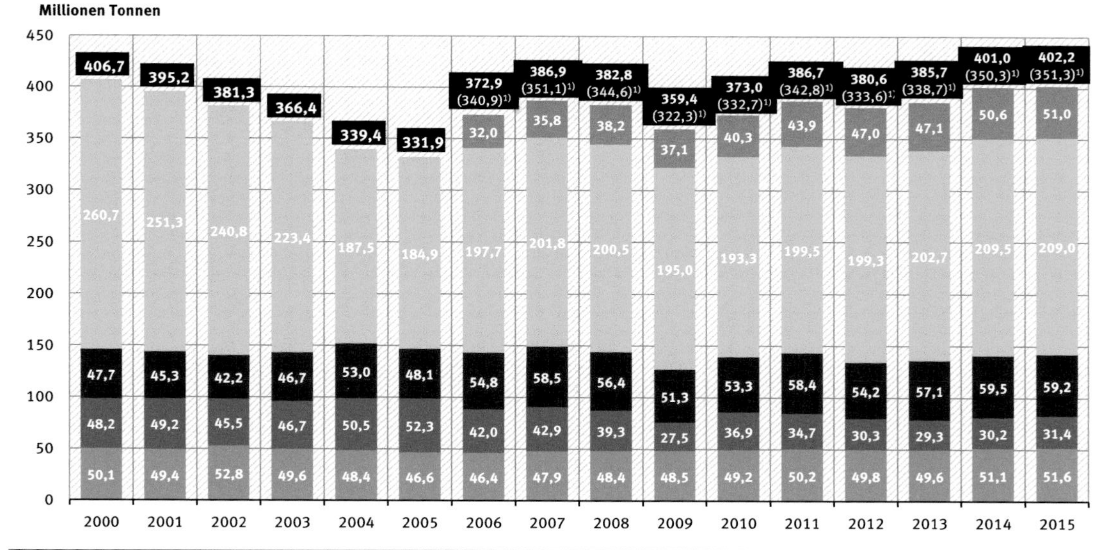

[1] Nettoabfallaufkommen, ohne Abfälle aus Abfallbehandlungsanlagen; 2006 erstmals als Bestandteil des Abfallaufkommens erhoben.
[2] Ohne Abfälle aus Abwasserbehandlungsanlagen (EAV 1908), Abfälle aus der Zubereitung von Wasser für den menschlichen Gebrauch oder industriellem Brauchwasser (EAV 1909), Abfälle aus der Sanierung von Böden und Grundwasser (EAV 1913) und Sekundärabfälle, di e als Rohstoffe/Produkte aus dem Entorgungsprozess herausgehen.
[3] Abfälle aus Gewinnung und Behandlung von Bodenschätzen

Quelle: Statistisches Bundesamt, Abfallbilanz, Wiesbaden, verschiedene Jahrgänge

Abb. 3.13 Abfallbilanz Deutschlands von 2000 bis 2015. (Quelle: Umweltbundesamt)

In § 6 des KrWG sind Maßnahmen der *Vermeidung* und der Abfallbewirtschaftung in folgender Rangfolge genannt (zuerst Abfall-Vermeidung und zuletzt die Abfallbeseitigung):

- Vermeidung,
- Vorbereitung zur Wiederverwendung,
- Recycling,
- sonstige Verwertung, insbesondere energetische Verwertung und Verfüllung,
- Beseitigung.

Ausgehend von dieser Priorisierung ist diejenige Maßnahme zur Abfallbewirtschaftung auszuwählen, die den Schutz von Mensch und Umwelt am besten gewährleistet. Zu berücksichtigen sind dabei technische, wirtschaftliche und soziale Gesichtspunkte. Es werden auch *Recyclingquoten* definiert, die ab 2020 einzuhalten sind. So sollen die Vorbereitung zur Wiederverwendung und das Recycling von Siedlungsabfällen (z. B. Papier, Metall, Kunststoff und Glas) insgesamt mindestens 65 Gewichtsprozent betragen.

Abb. 3.13 zeigt die Abfallbilanz von Deutschland von 2000 bis 2015. Unter dem Begriff Siedlungsabfälle werden die Abfallarten Hausmüll, Hausmüll ähnliche Gewerbeabfälle, Sperrmüll, Straßenkehricht, Marktabfälle, kompostierbare Abfälle aus der Biotonne, Garten- und Parkabfälle, sowie Abfälle aus der Getrenntsammlung von Papier, Pappe, Karton, Glas, Kunststoffe, Holz und Elektronikteile erfasst.

Aus diesem Bild ist erkennbar, dass im Wesentlichen die Abfallmengen seit 2006 gleich geblieben sind. Diese gingen von 2000 bis 2005 zurück, um dann wieder anzusteigen. Allerdings werden ab dem Jahr 2005 auch die Abfälle aus Abfallbehandlungsanlagen (z. B. Abfälle aus der Sanierung von Böden und Grundwasser sowie Sekundärabfälle aus dem Entsorgungsprozess) zusätzlich berücksichtigt. Deshalb wird mit einer Zunahme von etwa 8 % des Abfallaufkommens von 2006 (373 Mio. t) bis zum Jahre 2015 (402,2 Mio. t) gerechnet.

4 Energie und Klima

Der Energieverbrauch nahm in den letzten 100 Jahren dramatisch zu, weil die Industrialisierung und der höhere Wohlstand dies erforderte. Der höhere Energieverbrauch verursachte eine Steigerung der Emissionen des Treibhausgases CO_2, welches zur Erderwärmung führte. Um diese zu stoppen, sind weltweite Vereinbarungen notwendig. In diesen müssen vor allem drei Aspekte verbindlich geregelt werden:

- *Verringerung* des Energieverbrauchs,
- *effizienterer Einsatz* vorhandener Energiequellen und
- Ausbau der *erneuerbaren Energiequellen.*

Im Folgenden wird gezeigt, wie in der Bundesrepublik Deutschland Energie umgewandelt und verbraucht wird, ferner die Entwicklung der Energie-Effizienz vorgestellt und die Einsparungspotenziale an Energie aufgezeigt.

4.1 Energie

4.1.1 Energieumwandlung und Energieverbrauch

Abb. 4.1 zeigt auf der linken Seite die Anteile der Energieträger am Primärenergieverbrauch (PEV) und auf der rechten Seite die Anteile der Nutzer am Energieverbrauch. Insgesamt wurden 13.427 PJ an Energie erzeugt. An erster Stelle der Energieträger steht das Mineralöl mit 34 %, gefolgt von Erdgas mit 22,7 %. Dann folgt die Steinkohle mit 12,2 % und die Braunkohle mit 11,4 %, die Kernenergie mit 6,9 %. Die erneuerbaren Energien tragen 12,6 % zur Energieerzeugung bei und haben sich nur leicht gesteigert (AG Energiebilanzen 2016).

E. Hering und W. Schulz, *Umweltschutztechnik und Umweltmanagement*, essentials, https://doi.org/10.1007/978-3-658-20984-1_4

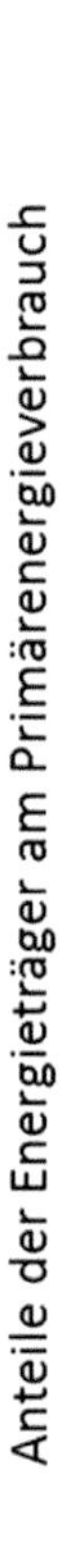

Abb. 4.1 Energie-Umwandlung 2016. (Eigene Darstellung; Datenquelle: AG Energiebilanzen e. V.; 2012–2016)

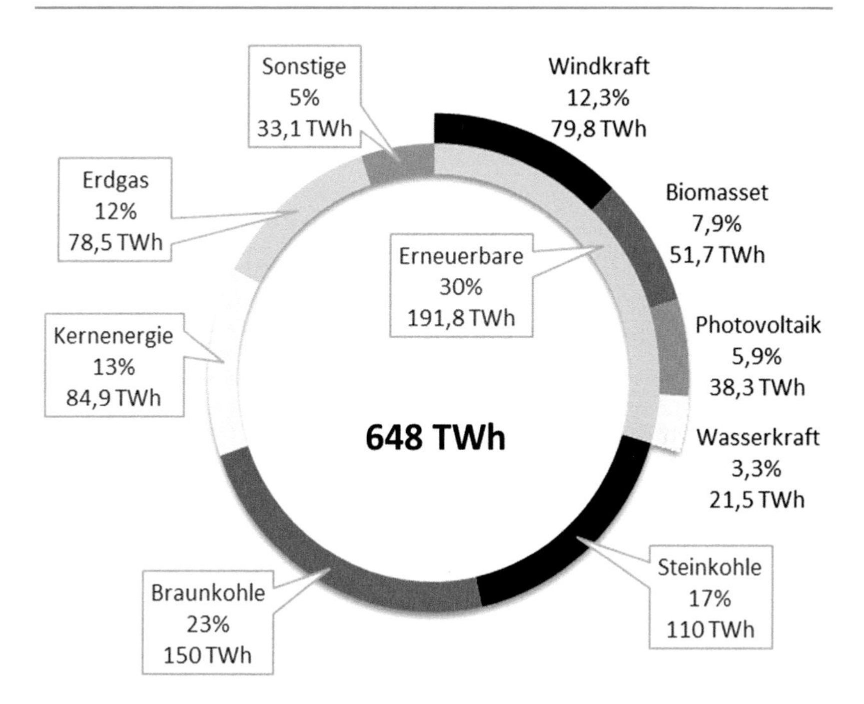

Abb. 4.2 Strommix in Deutschland 2016. (Eigene Darstellung; Datenquelle: AG Energiebilanzen e. V.)

Die Nutzer der Energie (rechter Teil in Abb. 4.1) sind zu etwa gleichen Teilen von 28 % (Verkehr und Haushalte) bzw. 29 % (Industrie). 15 % der Energie verbrauchen Gewerbe, Handel und Dienstleitungen (GHD). Der Stromanteil der Nutzer liegt bei etwa 20 %.

In Abb. 4.2 ist der Strommix in Deutschland im Jahre 2016 zu sehen.

Aus Abb. 4.2 ist zu erkennen, dass fast 1/3 des Stromes aus erneuerbaren Energien gewonnen werden (29,2 %), insbesondere aus Windkraft. Über 50 % des Stromes (52,2 %) werden aus fossilen Energieträgern (Steinkohle, Braunkohle und Erdgas) erzeugt.

4.1.2 Energie-Effizienz

Energie-Effizienz beschreibt den *Energieaufwand in Bezug auf einen Indikator* (oder Nutzen). Von Interesse ist beispielsweise der Energieverbrauch pro Bruttoinlandsprodukt, der Energieverbrauch pro Einwohner bzw. pro m^2 Wohnfläche oder der Energieverbrauch pro Verkehrsleistung (in Personenkilometer bzw. Tonnenkilometer). Als Energieverbrauch wird der Primärenergieverbrauch (PEV) oder der Endenergieverbrauch (EEV) angegeben. Tab. 4.1 zeigt einige Kennzahlen zur Energie-Effizienz von 2005 und 2016. Es ist darauf hinzuweisen, dass eine Verteuerung der Energiepreise Anreize zur Steigerung der Energie-Effizienz schafft.

Tab. 4.1 Ausgewählte Kennzahlen der Energie-Effizienz von 2005 und 2016. (Quelle: AG Energiebilanzen e. V.; Auswertungstabellen zur Energiebilanz Deutschland 1990 bis 2016; Tab. 7.1)

		2005	2016	Änderung (%)
Bezugsgrößen	**Einheit**			
Bruttoinlandsprodukt (BIP)	Mrd. € (real)	2427	2843	17,14
Bevölkerung	Mio. Einwohner	82,4	82,8	0,005
Bruttoproduktionswert der Industrie (BPW)	Mrd. € (real)	966	1062	10
Bruttowertschöpfung (BWS)	Mrd. € (real)	1617	1869	15,6
Wohnfläche in	Mio. m^2	3395	3933	15,8
Verkehrsleistung in	Mrd. Pkm	6720	7815	16,3
Kennziffern zur Energie-Effizienz				
PEV/BIP	GJ/1000 €	6,0	4,7	−21,7
PEV/Einwohner	GJ/Einwohner	176,6	162,5	−8
EEV/BIP	GJ/1000 €	3,8	3,2	−15,8
EEV/Einwohner	GJ/Einwohner	110,7	110,5	−0,002
EEV Industrie/BPW	GJ/1000 €	2,6	2,4	−0,08
EEV Haushalte/Wohnfläche	MJ/m^2	763,2	608,7	−20,2
EEV Haushalte/Einwohner	GJ/Einwohner	31,4	28,9	−0,08
EEV Verkehr/BIP	GJ/1000 €	1,1	0,9	−18,2
EEV Verkehr/Verkehrsleistung	MJ/100 Pkm	38,5	34,5	−10,4

Primärenergieverbrauch (PEV) Endenergieverbrauch (EEV)
Beförderungsleistung von Personen: Personenkilometer (Pkm)
Transportleistung von Gütern: Tonnenkilometer (tkm):

Umrechnung: 1 tkm = 10 Pkm
Kennziffern Energie-Effizienz: Hellgrau:
Verbesserung; dunkelgrau: unverändert

Beim Primärenergieverbrauch (PEV) sind zusätzlich zum Endenergiebedarf (EEV) noch der Energiebedarf für die Erkundung, Gewinnung, Umwandlung und Verteilung berücksichtigt. Deshalb ist der EEV für die Wirkung einzelner Effizienzmaßnahmen aussagefähiger.

Aus Tab. 4.1 ist zu entnehmen, dass im Vergleich der Jahre 2005 mit 2016 trotz Steigerung des Bruttoinlandsproduktes (BIP um 17,14 %), des Bruttoproduktionswertes der Industrie (BPW um 10 %), der Bruttowertschöpfung (BWS um 15,6 %), der größeren Wohnflächen (um 15,8 %) und der Verkehrsleistung (um 16,3 %) die Kennzahlen für die Energie-Effizienz deutlich besser geworden sind. Annähernd gleich geblieben sind der Endenergieverbrauch pro Einwohner und pro Haushalt.

Es gibt eine *Energie-Effizienz-Richtlinie* (EED) der Europäischen Union (EnEf-fRL 2012/27/EU) von 2012, die vorschreibt, dass das EU-Ziel von 20 % weniger Primärenergieverbrauch (bezogen auf das Jahr 2008) bis zum Jahr 2020 erreicht werden muss. Ebenso ist von 2014 bis 2020 eine jährliche Energieeinsparung von durchschnittlich 1,5 % zu erbringen. Der Primärenergieverbrauch ist in Deutschland von 2006 bis 2011 um 9,8 % zurückgegangen (−1 % pro Jahr). Um die Energie-Effizienz in der Industrie kümmert sich die Deutsche Unternehmensinitiative für Energie-Effizienz (DENEFF), die Studien durchführt und konkrete Maßnahmen zur Erhöhung der Energie-Effizienz vorschlägt (z. B. durch intelligente und bedarfsgesteurte energieverbrauchende Maschinen und Anlagen, s. auch Abschn. 4.1.3).

4.1.3 Energie-Einsparpotenziale

Energie-Einsparung ist der Oberbegriff zur Verminderung des Energieeinsatzes. Ein Teil der Energieeinsparung kann durch effizientere Prozesse und Anlagen im Verkehr, im Haushalt und in der Industrie erfolgen. Energie sparen kann man auch ohne Effizienzsteigerung, indem man beispielsweise Räume weniger heizt oder weniger Auto fährt.

In folgenden Bereichen kann Energie sinnvoll gespart werden:

1. *Wärmenutzung* (Heizen, Lüften, Wärmedämmung, Warmwasser, Erwärmung von Speisen).
2. *Geräte im Haushalt und in Unternehmen* (Waschmaschine, Spülmaschine, Kühlaggregate wie Kühlschränke und Kühltruhen, Beleuchtung, Computer, Unterhaltungselektronik und Telefone).
3. *Gebäudenutzung.*
4. *Materialnutzung* (Verpackungen und Leichtbau).
5. *Mobilität* (Verkehrsmittelwahl, Transport und Verkehr und Siedlungspolitik).

Entsprechende Maßnahmen können auf einschlägigen Internet-Plattformen der Europäischen Umweltagentur (EUA), des Umweltbundesamtes (UBA), der Arbeitsgemeinschaft der Energiebilanzen (AEGB) und anderen Informationsquellen gefunden werden.

4.2 Klima

Eine Folge der Industrialisierung ist die Klimaerwärmung durch die Zunahme der Emission von Treibhausgasen (Abschn. 3.3.1). Die Treibhausgase beeinflussen die Wärmestrahlung, indem sie einen Teil der vom Boden abgegebenen Wärmestrahlung (Infrarotstrahlung) absorbieren, der sonst in das Weltall entweichen würde. Sie emittieren die Wärmestrahlung, sodass die Erde zusätzlich zu den Sonnenstrahlen erwärmt wird. Die entsprechende Gase und ihre Gefährdung für das Klima sind in Tab. 3.7 in Abschn. 3.3.1 zusammengestellt.

4.2.1 Treibhausgas-Emissionen

Die Staaten der Klimakonvention sind verpflichtet, *Emissionsinventare* zu Treibhausgasen zu veröffentlichen und jährlich fortzuschreiben. Tab. 4.2 zeigt den Klimaschutzindex der 10 größten CO_2-Emittenten im Jahre 2014. Dieser Index

Tab. 4.2 Klimaschutz-Index der zehn größten CO_2-Emittenten im Jahre 2014 unter Angabe des Anteils am weltweiten Energieverbrauch, Anteil an der weltweiten Wirtschaftsleistung und Anteil an der Weltbevölkerung. (Quelle: Spiegel ONLINE 2015)

Land	Anteil CO_2-Em.	Anteil Energie	Anteil Wirtschleist.	Anteil Bevölk.	Rang	Ergebnis
Deutschland	2,23	2,38	4,20	1,18	19	Mäßig
Indien	5,14	5,71	5,66	17,84	30	Mäßig
Indonesien	2,30	1,59	1,41	3,48	34	Schlecht
Brasilien	4,12	2,60	2,88	2,83	36	Schlecht
USA	15,50	16,71	18,81	4,49	43	Schlecht
China	22,95	20,91	14,63	19,42	46	Schlecht
Japan	3,54	3,52	5,59	1,84	50	Sehr schlecht
Südkorea	1,76	1,99	1,95	0,72	53	Sehr schlecht
Russland	4,91	5,57	2,99	2,40	56	Sehr schlecht
Kanada	1,58	1,92	1,75	0,50	58	Sehr schlecht

berücksichtigt folgende Aspekte: CO_2-Ausstoß (30 %), Emissionsniveau (30 %), Klimaschutzpolitik (20 %), Effizienz (10 %) und erneuerbare Energien (10 %). Daraus ist zu erkennen, dass Deutschland bei den 10 größten CO_2-Emittenten im Klimaschutzindex den ersten Platz belegt (insgesamt ist Deutschland auf Rang 19). Ferner sind auch noch der Energieverbrauch, die Wirtschaftsleistung und die Bevölkerung zu sehen.

In Tab. 4.3 ist der Zeitverlauf der Emissionen von Treibhausgasen von 28 EU-Staaten nach Quellkategorien zu sehen. Es ist zu erkennen, dass im Zeitraum von 1990 bis 2015 etwa 24 % der CO_2-Emissionen verringert werden konnten.

Abb. 4.3 zeigt, welche Ziele für die Treibhausgas-Emissionen in Deutschland erreicht werden sollen. Zu erkennen ist eine Abnahme der jährlichen Treibhausgas-Emissionen in Deutschland von 1990 (1240 Mio. t CO_2) bis 2014 (902 Mio. t CO_2) in Höhe von 28 %.

4.2.2 Modelle zur Abschätzung von Klimaentwicklungen

In Computerprogrammen werden in *Klima-Szenarien* berechnet, welche Auswirkungen beispielsweise die CO_2-Emissionen haben werden. Grundlage ist dabei das *Modell der Wettervorhersage,* das entsprechend den Anforderungen für Klimavorhersagen angepasst werden muss. Es entstehen dabei *globale Klimamodelle* (GCM: General Circulation Models), die Trends und Klimaentwicklungen zeigen.

Tab. 4.3 Verlauf der Treibhausgas-Emissionen der 28 EU-Staaten nach Quellkategorien in Mio. t CO_2-Äquivalenten. (Quelle: EEA 2017)

Sektor	1990	2000	Abw. (%)	2015	Abw. 1990 (%)	Abw. 2000 (%)
Energie	4337	4005	−7,66	3358	−22,57	−16,15
Industrie	517	452	−12,46	374	−27,66	−17,36
Landwirtschaft	−232	−301	29,81	−305	31,54	1,33
LULUCF	241	231	−4,24	139	−42,18	−39,62
Abfall	5411	4851	−10,34	4003	−26,02	−17,49
Gesamt (mit LULUCF)	5643	5152	−8,69	4308	−23,65	−16,39
Gesamt (ohne LULUCF)	4337	4005	−7,66	3358	−22,57	−16,15

LULUCF: Emissionen von CO_2 durch Landnutzung, Landnutzungsänderungen und Forstwirtschaft

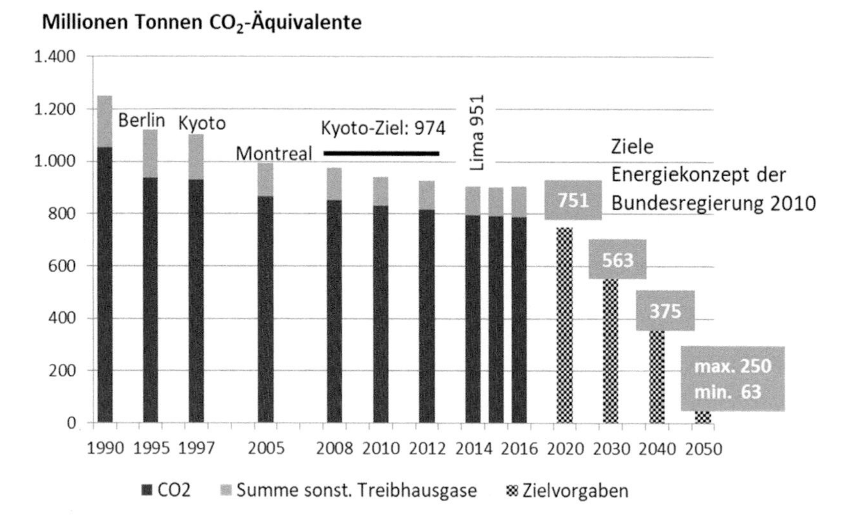

Abb. 4.3 Treibhausgas-Emissionen in Deutschland seit 1990 sowie die Ziele für das Kyoto-Protokoll (2008 bis 2012), 2020 und 2050 (Bundesregierung). (Eigene Darstellung; Datenquelle: AG Energiebilanzen e. V.)

Da hierfür viele Annahmen und Methoden einfließen und komplexe Rückkoppelungsmechanismen berücksichtigt werden müssen, sind die Aussagen nur als Szenarien zu verstehen. Abb. 4.4 zeigt die möglichen Auswirkungen der Treibhausgas-Emissionen auf die Erderwärmung und den Meeresspiegelanstieg. Der Anstieg der Oberflächentemperatur zum Ende des 21. Jahrhunderts (Mittelungszeitraum von 2081 bis 2100) beträgt für RCP2.6 von 0,3 bis 1,7 °C, für RCP4.5 von 1,1 bis 2,6 °C, für RCP6.0 von 1,4 bis 3,1 °C und für RCP8.5 von 2,6 bis 4,8 °C (Quelle IPCC 2014).

Bei gleichbleibenden Emissionen wird die Oberflächentemperatur der Erde sich stetig erhöhen. Die Auswirkungen sind beispielsweise Niederschlagsänderungen (z. B. Zunahme extremer Niederschlagsereignisse), Erwärmung der Ozeane, Anstieg der Ozeanversauerung, Reduktion des arktischen Meereises, Abnahme des oberflächennahen Permafrosts, Rückgang des globalen Gletschervolumens sowie biologische Arten und Pflanzenvielfalt.

Nach der BP-Studie „Energie Ausblick 2035" (BP Energy Outlook 2017 Edition) wird die globale Energienachfrage in den nächsten 20 Jahren um 37 % steigen. Vorausgesetzt wird ein Wohlstandsgrad wie in Europa oder Japan. Der Zuwachs entsteht fast ausschließlich durch die asiatischen Schwellenländer. Entscheidend wird sein, wie sich die Nachfrage nach Energie in China entwickelt. Zur Deckung des Energiehungers wird zunehmend Gas, Kernkraft und erneuerbare Energien eingesetzt.

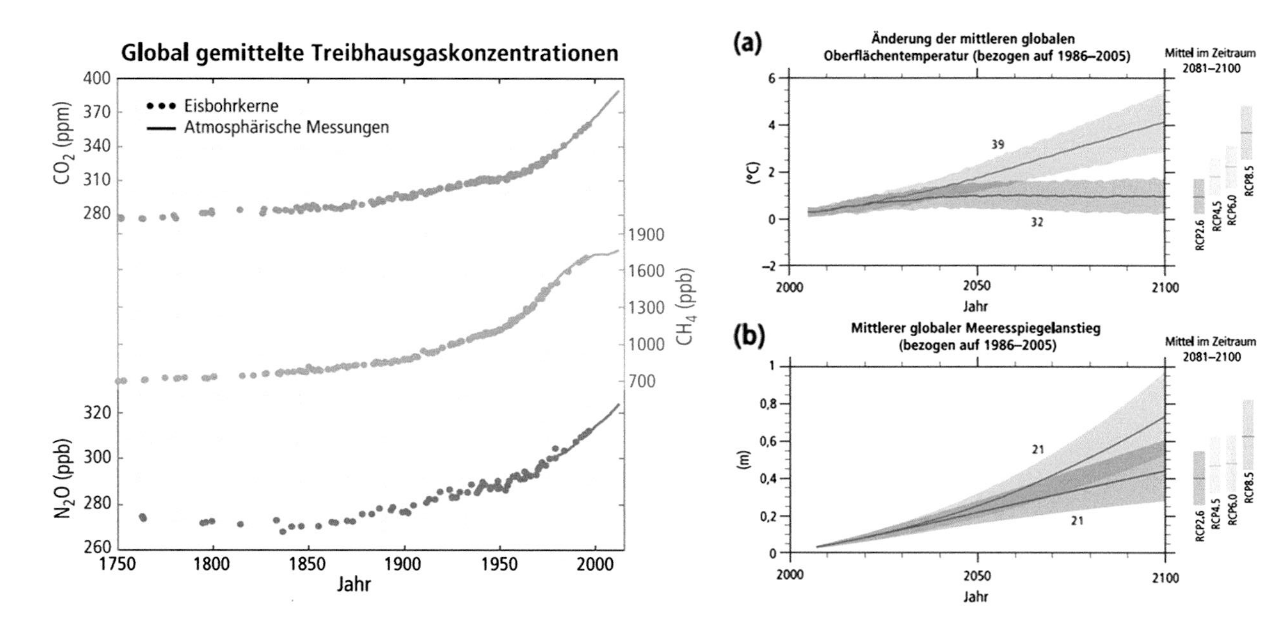

Abb. 4.4 Zeitliche Entwicklung der Treibhausgaskonzentrationen (links) und die Auswirkung auf die Oberflächentemperatur (**a**) sowie den Meeresspiegelanstieg (**b**) auf der Basis unterschiedlicher Modelle zur Beschreibung der globalen Erwärmung. Die Repräsentativen Konzentrationspfade (RCP) stellen unterschiedliche Szenarien von Treibhausgas-Emissionen im 21. Jahrhundert dar. (Quelle: IPCC 2014, Abb. 1.2 und SPM.6)

5 Integrierte Umweltplanung und -bewertung

Eine *integrierte* Umweltbewertung *verknüpft* alle Teilbereiche des Umweltschutzes zu einem in sich *geschlossenen Modell.* Die Inhalte der entsprechenden Teilbereiche müssen dem derzeitigen Erkenntnisstand entsprechen und die Abhängigkeiten der einzelnen Bereiche voneinander werden im Modell dargestellt. Abb. 5.1 gibt einen Überblick und zeigt die Zusammenhänge auf.

Ausgehend von der demografischen und der gesellschaftlichen Entwicklung werden die Bauwirtschaft, die Mobilität, die Produkte und die Herstellungsprozesse relevant für eine Gesamtbetrachtung der Umwelt im Sinne einer integrierten Umweltplanung und -beurteilung. Die einzelnen Bereiche müssen *effizient* im Sinne einer Minimierung der Ressourcen und der Emissionen sowie der vertretbaren Kosten sein. Dazu müssen alle Aktivitäten *ökologisch* ausgerichtet sein, d. h., das Klima und die Umwelt schonen sowie nachhaltig sein. Dies wird durch entsprechende Kennzahlen *(Umweltindikatoren)* beurteilt. Umweltindikatoren für die Energie-Effizienz sind in Tab. 4.1 zu finden. Für andere Effizienzbereiche können entsprechende Kennzahlen gebildet werden. Für die Beurteilung der *ökologischen Beschaffenheit* ist eine *Ampeldarstellung* sehr anschaulich (rot: gänzlich unökologisch; gelb: ökologisch verbesserbar; grün: ökologisch in Ordnung).

E. Hering und W. Schulz, *Umweltschutztechnik und Umweltmanagement*, essentials, https://doi.org/10.1007/978-3-658-20984-1_5

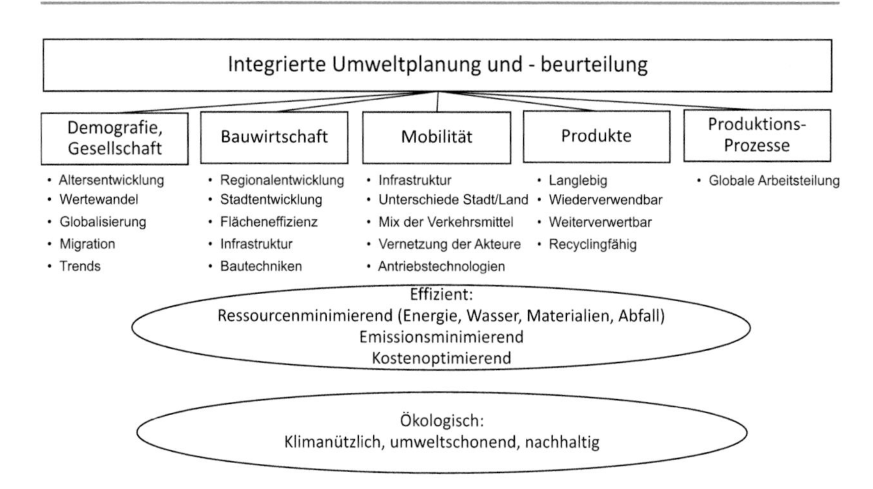

Abb. 5.1 Bereiche einer integrierten Umweltplanung und -bewertung. (Eigene Darstellung)

6 Umweltmanagement

6.1 Umweltmanagement-System

Ein Umweltmanagement-System stellt sicher, dass alle *Gesetze* und *behördlichen Vorschriften* zum Schutz der Umwelt eingehalten werden. Abb. 6.1 zeigt die Systematik des Umweltmanagements.

An erster Stelle stehen die *Ziele* und die *Vorgaben der Leitung* der Organisation. Sie stellen sicher, dass die gesetzlichen Bestimmungen eingehalten werden. Entsprechend dieser Ziele wird das Umweltmanagement ausführlich dargestellt, insbesondere wie die gesetzten Ziele umgesetzt, erreicht und gemessen werden. Dies kann mithilfe der *internationalen Norm ISO 14004:2015* geschehen. Diese Norm ist analog zur Norm für das Qualitätsmanagement (ISO 9001) aufgebaut und gliedert sich in die Bereiche: *Management-Handbuch, Betriebs-, Arbeits-* und *Verfahrens-Anweisungen* sowie *Prozessbeschreibungen.* Die *Umsetzung* erfolgt durch ein *Umweltmanagement-System (UMS),* das anhand der Systematik der *internationalen Norm ISO 14001:2015* oder der europäischen Norm EMAS III:2015 (EMAS: **E**co- **M**anagement- und **A**udit-**S**ystem) aufgebaut werden kann. Die aktuellen Normen berücksichtigen insbesondere den gesamten *Produktlebenszyklus* (Rohstoffgewinnung, Entwicklung, Produktion, Transport, Verwendung, Entsorgung). In Deutschland wurde die EMAS-Verordnung durch das *Umwelt-Audit-Gesetz (UAG)* umgesetzt (Abb. 6.2).

Die Optimierung des Umweltmanagement-Systems geschieht durch die bewährte Korrekturschleife nach der PDCA-Methode (PDCA: Plan, Do, Check, Act). Dabei bedeuten:

- *Plan*
  Festlegung der Ziele und der Prozesse, um die Umweltpolitik des Unternehmens erfolgreich umzusetzen.

E. Hering und W. Schulz, *Umweltschutztechnik und Umweltmanagement,* essentials, https://doi.org/10.1007/978-3-658-20984-1_6

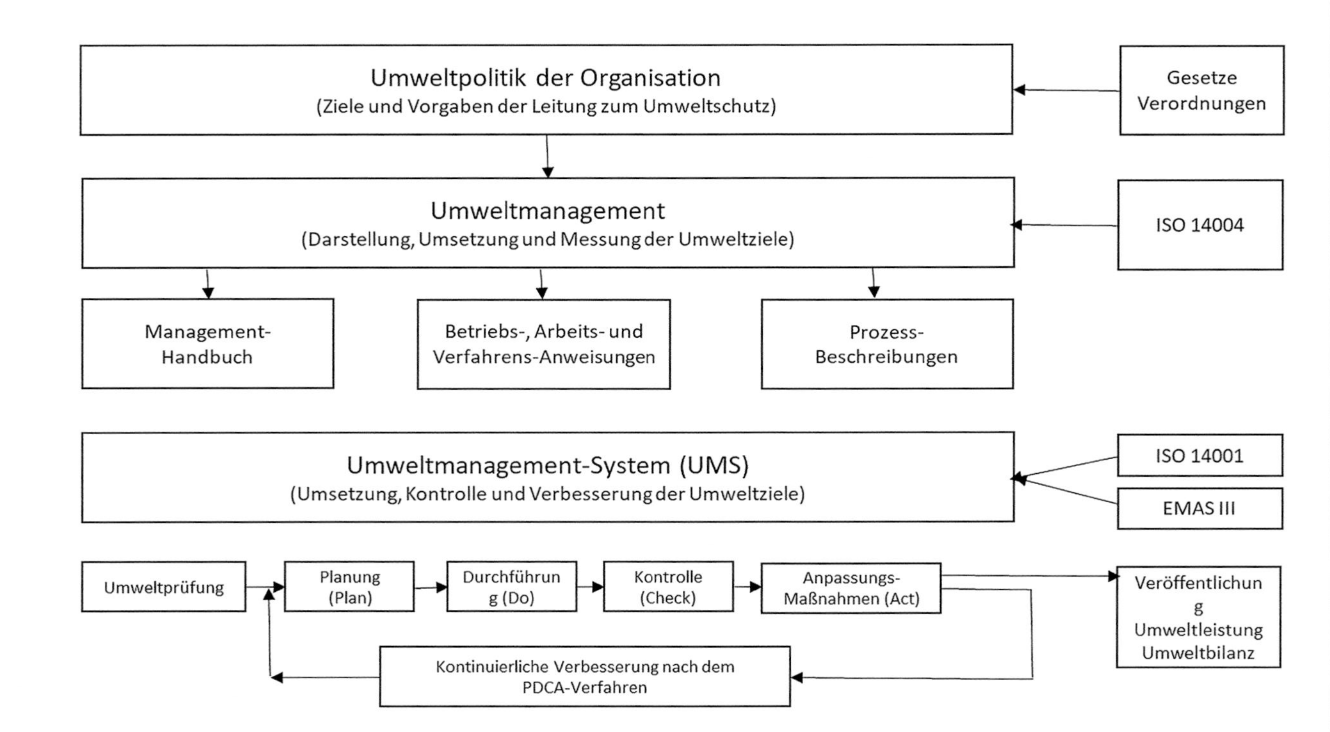

Abb. 6.1 Systematik des Umweltmanagements einer Organisation. (Eigene Darstellung)

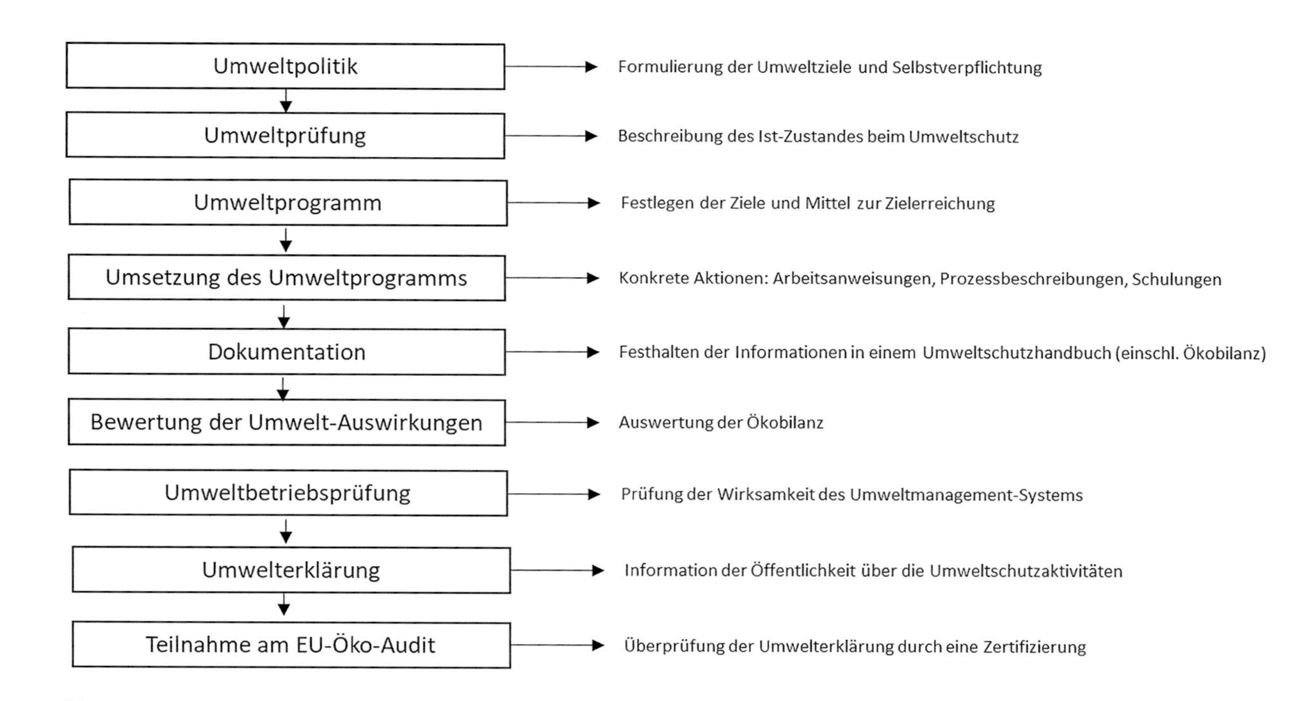

Abb. 6.2 Umsetzung der EMAS III-Verordnung in das Umwelt-Audit-Gesetz. (Eigene Darstellung)

- *Do*
  Ausführung der festgelegten Prozesse.
- *Check*
  Kontrollieren der Prozesse hinsichtlich der Erreichung der festgelegten Umweltziele.
- *Act*
  Im Fall größerer Abweichungen müssen entsprechende Maßnahmen zur Zielerreichung eingeleitet werden oder die Ziele entsprechend angepasst werden.

Diese Optimierungs-Schleife wird öfters durchfahren, sodass ein *kontinuierlicher Verbesserungsprozess* (KVP) zur Verbesserung der Umwelt in Gang kommt.

Die Ergebnisse aus dem Umweltmanagement-System werden als *Umweltleistung* oder in einer *Umweltbilanz (Ökobilanz)* veröffentlicht.

Sinnvoll ist es, ein *Integriertes Management-System* einzuführen, in dem das *Qualitätsmanagement,* das *Management der Arbeitssicherheit* (OHSAS 18001: Occupational Health and Safety Administration) und das *Umweltschutzmanagement* miteinander verbunden sind. Die ähnlichen Strukturen erlauben einen relativ geringen Aufwand bei der Umsetzung und einen rationellen Ablauf in den einzelnen Bereichen.

6.2 Umweltverträglichkeitsprüfung (UVP)

Die Umweltverträglichkeitsprüfung (UVP) ist ein vom Gesetz über die *Umweltverträglichkeitsprüfung* (UVPG vom 24. Februar 2010) vorgeschriebenes Genehmigungsverfahren für *umweltrelevante Vorhaben.* Ziel der UVP ist es, die von den Projekten verursachten umweltrelevanten Schutzgüter zu bewerten. Zu den Schutzgütern gehören: Menschen, Tiere, Pflanzen, die biologische Vielfalt, ferner Boden, Wasser, Luft, Klima, Landschaft und Kultur. Abb. 6.3 zeigt mögliche Verfahrensschritte zur UVP.

6.3 Ökobilanz

Ökobilanzen stellen die Umweltbelastungen dar, die ein Produkt während seines gesamten Lebenszyklusses *(Produkt-Ökobilanz),* die Prozesse *(Prozess-Ökobilanz)* und Unternehmen *(Unternehmens-Ökobilanz)* verursachen können. Dabei wird nach dem *Input-Output-Schema* vorgegangen, d. h. es werden die Eingangsgüter und die Ausgangsgüter erfasst und bewertet. Abb. 6.4 zeigt das Schema von Ökobilanzen und Tab. 6.1 die Struktur einer Unternehmens-Ökobilanz.

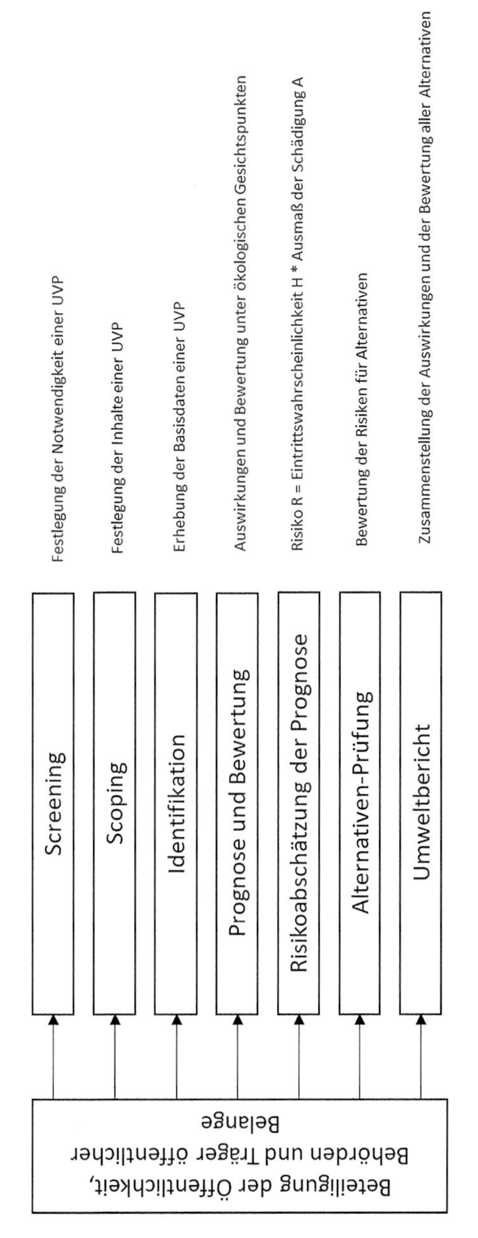

Abb. 6.3 Verfahrensschritte zur Umweltverträglichkeitsprüfung. (Eigene Darstellung)

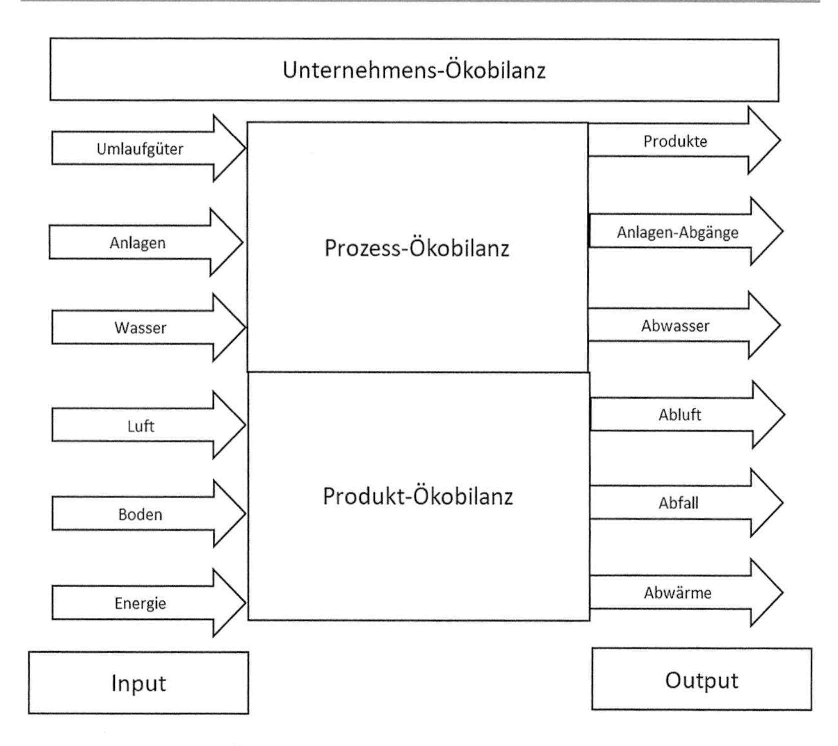

Abb. 6.4 Schema von Ökobilanzen. (Eigene Darstellung)

Tab. 6.1 Bereiche der Unternehmensbilanz. (Eigene Darstellung)

Input (I)	Output (O)
1. Anlagegüter (Technische Anlagen, Maschinen, Bauten)	1. Abgänge an Anlagegüter
2. Umlaufgüter	2. Materialabgänge
2.1. Material und Halbzeuge	2.1. Produkte
2.2. Hilfsstoffe (Lacke, Kleber …)	2.2. Abfälle (Werkstoffe, Reststoffe, Sonderabfälle)
2.3. Betriebsstoffe (Öle …)	
3. Wasser	3. Abwasser
4. Luft	4. Abluft
5. Boden	5. Bodenkontamination
6. Energie (Strom, Heizöl, Gas, Treibstoffe)	6. Energetische Emissionen

6.4 EU-Recht

Im Übereinkommen von Aarhus 1998 (Wirtschaftskommission für Europa der Vereinten Nationen, UNECE) wurden die Umsetzungsvorschriften des Europäischen Umweltrechtes festgelegt (Abb. 6.5). Es wird ein *Europäisches Schadstoffregister* angelegt sowie festgelegt, wie das Umweltrecht umgesetzt und durchgesetzt wird. Wie Abb. 6.5 zeigt, wird vor allem darauf geachtet, dass die Öffentlichkeit Zugang zu den Informationen hat.

6.4.1 Umwelthaftung

Die Umwelthaftung wurde in der Richtlinie 2004/35/EG über *„Umwelthaftung zur Vermeidung und Sanierung von Umweltschäden"* festgelegt. Es geht darum, die Schadstoffe in Luft, Wasser und Boden zu vermeiden, geschützte Arten und natürliche Lebensräume zu beachten und potenzielle und tatsächliche Gefahren für die menschliche Gesundheit zu vermeiden. Bei den Umweltschäden orientiert man sich am *Verursacherprinzip* und am *Grundsatz einer nachhaltigen Entwicklung*. Dem Verursacherprinzip entsprechend sollte grundsätzlich der Betreiber, der einen Umweltschaden verursacht, die Kosten der Vermeidungs- und Sanierungsmaßnahmen tragen. Die Mitgliedsstaaten der EU sollen der Kommission über die Erfahrungen bei der Anwendung dieser Richtlinie berichten.

6.4.2 Umweltaudit

Das Umweltmanagement und die Umweltprüfung nach EMAS III wurde bereits in Abschn. 6.2 ausführlich behandelt (Abb. 6.2).

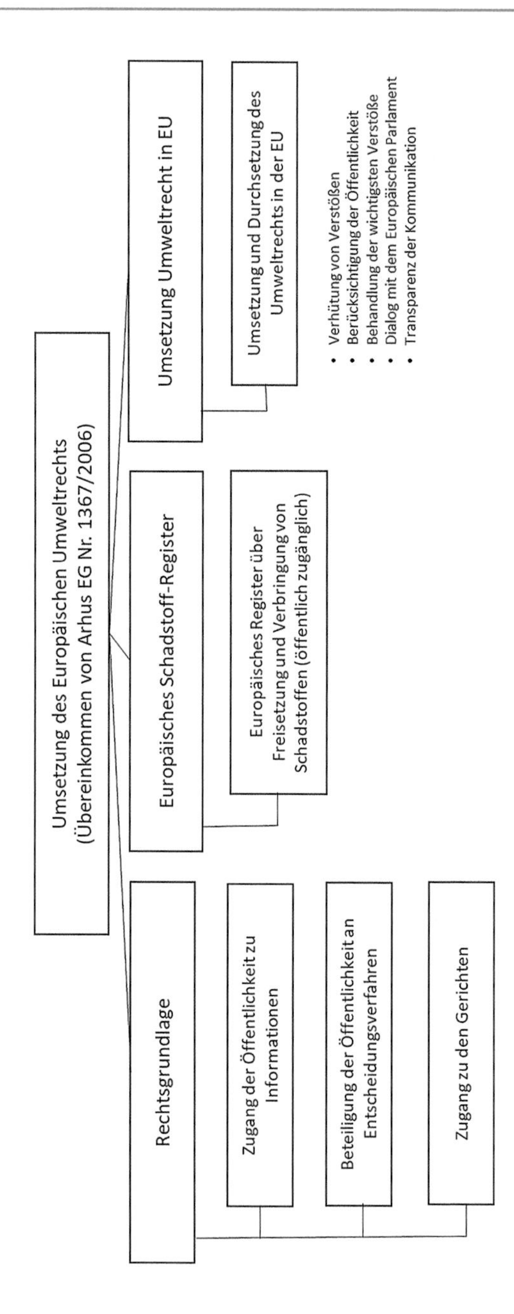

Abb. 6.5 Umsetzung des Europäischen Umweltrechts. (Eigene Darstellung)

Was Sie aus diesem *essential* mitnehmen können

- Gesetzliche nationale, europäische und internationale Regelungen der Umweltgesetzgebung für Wasser, Boden, Luft und Abfall.
- Verursacher-, Vorsorge- und Kooperationsprinzip im Umweltschutz.
- Medialer Umweltschutz für Luft, Wasser und Boden.
- Grenzwerte der Trinkwasserverordnung und gesundheitliche Orientierungswerte der Wasserqualität.
- Belastungen im Abwasser durch Mikroverunreinigungen und Reinigungsleistung von Kläranlagen.
- Sanierungen von Altlasten.
- Treibhausgase und Klimaänderung.
- Stickoxide und Feinstaubbelastung.
- Maßnahmen zur Reduzierung der Schadstoffeinträge in Luft, Wasser und Boden.
- Maßnahmen zur Abfallentsorgung und Recycling.
- Modellrechnungen zur Klimaentwicklung und Maßnahmen zum Klimaschutz.
- Energieerzeugung, Energieverbrauch und Energie-Effizienz
- Integrierte Umweltbewertung durch Umweltmanagement-Systeme, Umweltverträglichkeitsprüfungen und Ökobilanzen.

E. Hering und W. Schulz, *Umweltschutztechnik und Umweltmanagement*, essentials, https://doi.org/10.1007/978-3-658-20984-1

Literatur

BMUB/UBA (2015) Die Wasserrahmenrichtlinie Deutscher Gewässer

Bojanowski A (2013) Klimaschutz-Index. Spiegel Online, 18. November

Brauer H (2013) Handbuch des Umweltschutzes und der Umweltschutztechnik. Springer, Heidelberg

Dale S, Dudley B (2017) BP Energy Outlook

DIN e. V. (2012) Umweltmanagement 1: Umweltmanagementsysteme, Umweltleistungsbewertung, Umweltkommunikation. Beuth Verlag, Berlin

EEA (2017) Europäische Umweltagentur – European Environment Agency (EEA): EEA greenhouse gas – data viewer. https://www.eea.europa.eu/de. Zugegriffen: 24. Aug. 2017

Engelfried J (2016) Nachhaltiges Umweltmanagement Schritt für Schritt. UTB, Stuttgart

Förstner U (2012) Umweltschutztechnik, 8. Aufl. Springer, Heidelberg

Förtsch G, Meinholz H (2014) Handbuch Betriebliches Umweltmanagement. Springer Spektrum, Heidelberg

Görner K, Hübner K (2011) Umweltschutztechnik. Springer, Heidelberg

Hering E, Schulz W (2018) Umweltschutz und Umweltmanagement. Springer Essentials. Springer Vieweg, Wiesbaden

Holzbaur U, Kolb M, Roßwag H (1996) Umwelttechnik und Umweltmanagement. Spektrum Akademischer Verlag, Heidelberg

IPCC (Intergovernmental Panel of Climate Change) (2001) Climate change 2001 – the scientific basis. Cambridge University Press, Cambridge

IPCC (2013) Climate change 2013: the physical science basis. Contribution of working group I to the fifth assessment report of the intergovernmental

IPCC (2016) Klimaänderung 2014: Synthesebericht. Beitrag der Arbeitsgruppen I, II und III zum Fünften Sachstandsbericht des Zwischenstaatlichen Ausschusses für Klimaänderungen (IPCC) (Deutsche Übersetzung durch Deutsche IPCC-Koordinierungsstelle, Bonn). Hauptautoren Pachauri RK, Meyer LA (Hrsg). IPCC, Genf

Janson-Mundel O, DIN e. V. (2017) Erfolgreiches Umweltmanagement nach DIN EN ISO 14001:2015. Beuth Verlag, Berlin

Kaltschmitt K, Schebek L et al (2015) Umweltbewertung für Ingenieure: Methoden und Verfahren. Springer Vieweg, Wiesbaden

Kaminske GF, Brauer JP (2012) ABC des Qualitätsmanagements. Pocket Power. Hanser, München

E. Hering und W. Schulz, *Umweltschutztechnik und Umweltmanagement*, essentials, https://doi.org/10.1007/978-3-658-20984-1

LABO (2017) Bund/Länder Arbeitsgemeinschaft Bodenschutz

Loos R et al (2013) EU-wide monitoring survey on emerging polar organic contaminants in wastewater treatment plant effluents. Water Res 47:6475–6487

Müllverbrennungsanlage (MVA) Hamm (2016) Technische Daten, Gustav-Heinemann-Straße 10; 59065 Hamm

NOAA Earth System Research Laboratory (2017) The NOAA annual greenhouse gas index (AGGI). NOAA: National Oceanic & Atmospheric Administration U.S. Department of Commerce Global Monitoring Division. https://www.esrl.noaa.gov/gmd/. Zugegriffen: 24. Aug. 2017

Römpp H (1992) Römpp Chemie-Lexikon. Thieme, Stuttgart

Rößler A, Metzger S (2014) Spurenstoffvorkommen und -entnahme in Kläranlagen mit Aktivkohleanwendung in Baden-Württemberg. KA Korrespondenz Abwasser, Abfall 61(5):427–435

Schwager B, DIN e. V. (2015) Umweltmanagement für kleine und mittlere Unternehmen: Die ISO 1400-Serie und ihre Umsetzung (Beuth Praxis). Beuth Verlag, Berlin

Storm P C (2014) Umweltrecht: Einführung, 10. Aufl. Schmidt, Berlin

Stocker TF, Qin D, Plattner G-K, Tignor M, Allen SK, Boschung J, Nauels A, Xia Y, Bex V, Midgley PM (Hrsg) (2013) Panel on climate change. Cambridge University Press, Cambridge, S 1535

UBA (2013) Wasserwirtschaft in Deutschland; Teil 1 – Grundlagen

Printed in the United States
By Bookmasters